零基础轻松学电工技术

图解电工技能

君兰工作室　编
黄海平　审校

科学出版社
北京

内 容 简 介

　　本书共13章，内容包括电工基础知识、电子技术基础知识、电路图中常用的电气图形符号、电工基本操作技能、常用电路图的识读、电工常用低压电器、变压器、电动机、照明、电工常用工具及仪表、常用电气控制线路、变频器与软启动器、电工安全用电。

　　本书内容丰富，形式新颖，配有大量的电工图以帮助理解，实用性强，易学易用，具有较高的实用和参考阅读价值。

　　本书适合广大初、中级电工技术人员，电子技术人员，电气施工人员，职业技术院校相关专业师生，以及岗前培训人员阅读。

图书在版编目（CIP）数据

图解电工技能/君兰工作室编；黄海平审校. — 北京：科学出版社，2017.4

（零基础轻松学电工技术）

ISBN　978-7-03-051763-0

Ⅰ.①图…　Ⅱ.①君…　②黄…　Ⅲ.①电工技术—图解

Ⅳ.①TM-64

中国版本图书馆CIP数据核字（2017）第027046号

责任编辑：孙力维　杨　凯 / 责任制作：魏　谨
责任印制：张　倩 / 封面设计：杨安安

北京东方科龙图文有限公司　制作

http://www.okbook.com.cn

科 学 出 版 社 出版

北京东黄城根北街16号
邮政编码：100717
http://www.sciencep.com

天津新科印刷有限公司 印刷

科学出版社发行　各地新华书店经销

＊

2017年4月第　一　版　　开本：890×1240　1/32
2017年4月第一次印刷　　印张：12
印数：1 — 4 000　　　　字数：367 000

定价：36.00元

（如有印装质量问题，我社负责调换）

前言

　　随着我国经济建设的快速发展，电气化程度日益提高，社会上从事电气工作的人员迅速增加，为了帮助电工技术的初学者更好地学习电工技术，理解抽象的电气术语和内容解释，我们根据初学人员的特点和要求，结合多年从事实际电工操作的工作经验，采用绘图和文字解释相结合的方式，按照各个主题，采用独特的插图，使读者能够"一看即懂、一读就会"。力求使读者阅读后，能很快应用到实际工作当中，从而达到花最少的时间、学最实用技术的目的。希望读者通过阅读本书能对电工技术产生兴趣，增强自己的实际工作经验，并从入门走向精通。

　　本书内容全面，结构合理。全书共13章，以图片和表格相结合的形式展现多种电工技能在工作中的应用，直观、明了、方便读者阅读使用。重点介绍了初级电工必须掌握的基础知识，包括电工基础知识、电子技术基础知识、电路图中常用的电气图形符号、电工基本操作技能、常用电路图的识读、电工常用低压电器、变压器、电动机、照明、电工常用工具及仪表、常用电气控制线路、变频器与软启动器、电工安全用电及防护措施。

　　本书适合广大初级电工人员、在职电工人员、电工爱好者阅读，也可供工科院校相关专业的师生阅读，还可供岗前培训人员参考阅读。

　　参加本书编写的人员有王兰君、黄海平、邢军、黄鑫、王文婷、宋俊峰、凌玉泉、周成虎、凌珍泉、凌万泉、李燕、朱雷雷、张杨、娄梅娟、贾贵超等，在此一并表示感谢。

由于编者水平有限，书中难免存在疏漏和不当之处，敬请广大读者批评指正。

目录

第1章　电工基础知识

第2章　电子技术基础知识

第 3 章　电路图中常用的电气图形符号

第 4 章　电工基本操作技能

第 5 章　常用电路图的识读

第 6 章 电工常用低压电器

第 7 章 变压器

第 11 章　常用电气控制线路

第 12 章　变频器与软启动器

第 13 章　电工安全用电

第1章 电工基础知识

001 电是什么

电是什么呢？为了揭示电的本质，需要从物质的结构谈起。大家知道，自然界的一切物质都是由分子组成的，分子又是由原子组成的。原子是化学元素中的最小微粒，它的体积是极其微小的，例如，最简单的氢原子，其直径大约为一亿分之一厘米，其他化学元素的原子，也不过比氢原子大上几倍。每一种原子都有一个处在中心的原子核，在原子核周围有若干个电子沿着一定的轨道高速旋转，如同地球和行星围绕太阳旋转一样。一切原子的原子核都是带正电的，而电子是带负电的。在原子未受外来影响时，原子核所带的正电荷，等于它周围所有电子所带的负电荷。这样，原子对外界就不显示电性。带正电的原子核与带负电的电子间有电的吸引力在作用着，依靠正负电荷间的吸引力，把电子束缚在原子核周围的轨道上做旋转运动。

不同的电子，其原子核的质量和它周围的电子数目是不同的。按结构来说，氢原子是最简单的，它由一个原子核和一个电子组成。铜原子的结构较为复杂，它由一个原子核和29个电子组成。

002 电流

金属中含有大量的自由电子，当我们把金属导体和一个电池接成闭合回路时，导体中的自由电子（负电荷）就会受到电池负极的排斥和正极的吸引，而朝着电池正极运动，如图1.1所示。自由电子的这种有规则的运动，形成了金属导体中的电流。习惯上人们都把正电荷移动的方向定为电流的方向，它与电子移动的方向相反。

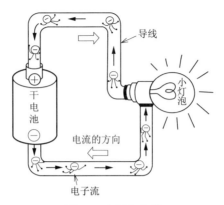

图1.1 电子与电流

在实际工作中，我们常常需要知道电路中电流的大小。电流的大小可以用每单位时间内通过导体任一横截面的电荷量来计算。

大小和方向都不随时间而变化的电流，称为直流电流，如图1.2（a）所示；方向始终不变，而大小随时间而变化的电流，称为脉动电流，如图1.2（b）所示；大小和方向均随时间作周期性变化的电流，称为交流电流，如图1.2（c）所示。

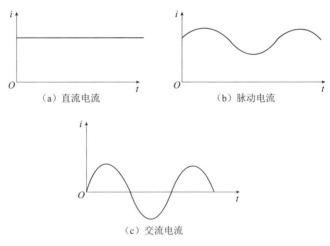

（a）直流电流　　　　　　　　（b）脉动电流

（c）交流电流

图1.2 电流的波形

003 电动势和电压

大家对手电筒的电路都比较熟悉吧！它有一个小小的灯泡，通过金属导线和开关与干电池相连接。把开关合上，小灯泡就亮了；把开关断开，小灯泡就熄灭。这正说明只有在闭合电路里才能有电流流通。这种闭合的电流通路，叫做闭合电路或回路。

干电池是产生电流的源泉，称为电源；小灯泡是消耗电能的元件，称为负载；电源和负载之间利用金属导线连接成闭合回路。电源、负载和连接导线是构成电路的不可缺少的部件。

为什么电源会推动电荷在电路里循环不断地流通呢？为了更容易理解电流的现象，人们时常将电流现象同水流现象相比拟。假如有A、B两个水槽，如图1.3所示，水槽之间用管子连通，如果两个水槽的水面一样高，水管中就不会有水流动。只有当两个水槽的水位一个高一个低时，水才会从水位高的水槽通过管子流向水位低的水槽。这就是说，有了水位差，就有了使水流动的压力，所以水位差也叫做水压。水位差越大，水流就越急。

同样，为了使电荷在电路中流动，也需要有电位差。在一段电路上，当有电位差存在时，电流就会从高电位点流向低电位点，这两点之间就好像有一种"压力"存在，这种"压力"就叫做电压。那么，所谓高电位和低电位指的又是什么呢？

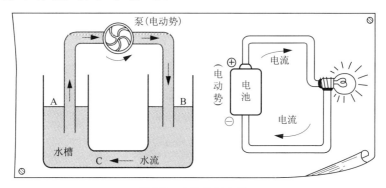

图1.3　水位差与水流

　　电荷在电路中流通的情况，也可以用图1.3所示的导电通路来解释。产生电流的源泉是电源，任何一种电源都有两个极，一个是正极，它缺少电子带正电；另一个是负极，它多余电子带负电。如果用导线把负载和电源接成闭合回路，电路中的自由电子就会受到正极的吸引和负极的排斥，形成由负极经外电路流向正极的电子流。按照电流方向跟电子流方向相反的规定，在电路中，电流总是从电源的正极流向电源的负极。这样，我们就认为，电源的正极对负极具有高电位，而负极对正极具有低电位。和水流情况相仿，电源正、负极间的高、低电位之差叫做电位差，也叫做电压。

004 电阻

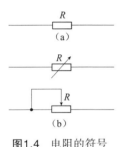

图1.4　电阻的符号

　　自由电子在导体中沿一定方向流动时，不可避免地会遇到阻力，这种阻力是自由电子与导体中的原子发生碰撞而产生的。导体中存在的这种阻碍电流通过的阻力叫电阻，电阻用符号R或r表示。

　　电阻在电路图中的符号如图1.4所示。图1.4（a）表示固定电阻，图1.4（b）表示可变电阻。

　　物体的电阻大小与其材料、几何尺寸及温度有关。导线的电阻一般可由以下公式求得

$$R = \frac{\rho l}{S} \tag{1.1}$$

式中，l为导线长度（m）；S为导线的横截面积（mm²）；ρ为电阻系数，也称电阻率，单位为$\Omega \cdot$mm²/m。

　　电阻系数ρ是电工计算中的一个重要物理常数，不同材料的电阻率各不相同，它的数值相当于用这种材料制成长1m、横截面积为1mm²的导线，在温度为20℃时的电阻值。电阻系数直接反映着各种材料导电性能的好坏。电阻系数越大，表示它的导电性能越差；电阻系数越小，则表示导电性能越好。常用导体材料的电阻系数如表1.1所示。

表1.1　常用金属的电阻系数（20℃）

材料	银	铜	钨	铁	铅	铸铁	黄铜（铜锌合金）	铝	康铜
电阻系数（Ω·mm²/m）	0.0165	0.0175	0.0551	0.0978	0.222	0.5	0.065	0.0283	0.44

005 欧姆定律

在一段电路两端加上电压，就能产生电流，电流流过电路，又不可避免地会遇到阻力，称其为电阻。那么，电压、电流和电阻这3个基本物理量之间到底存在着什么关系呢？德国物理学家欧姆，经过大量实验，于1827年确定了电路中电流、电压和电阻三者之间的关系，总结出一条最基本的电路定律——欧姆定律。欧姆定律指出：在一段电路中，流过该段电路的电流与电路两端的电压成正比，与该段电路的电阻成反比，可用式（1.2）表示

$$I=\frac{U}{R} \tag{1.2}$$

式中，R为电阻（Ω）；I为电流（A）；U为电压（V）。

式（1.2）还可以写成以下形式

$$U=\frac{I}{R} \tag{1.3}$$

式（1.3）的物理意义是：电流I流过电阻R时，会在电阻R上产生电压降。电流I越大，电阻R越大，电阻上产生的电压降就越大。

欧姆定律也可用式（1.4）表示

$$R=\frac{U}{I} \tag{1.4}$$

式（1.4）的物理意义是：在任何一段电路两端加上一定的电压U，可以测量出流过这段电路的电流I，这时，我们可以把这段电路等效为一个电阻R。这个重要概念，在电路分析与计算中经常用到。

【例题】一个信号灯，其额定电压为6.3V，工作电流为0.2A，接入

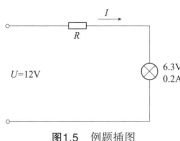

图1.5 例题插图

12V的电源，用一个线绕电阻降压，如图1.5所示，问降压电阻的阻值应为多大？

解：为保证信号灯得到所需的6.3V电压，降压电阻上的电压应为12－6.3=5.7V，为此，降压电阻的阻值为

$$R=\frac{U_R}{I}=\frac{5.7}{0.2}=28.5（\Omega）$$

006 电阻的串联

如果电路中有两个或更多个电阻一个接一个地顺序相连，并且这些电阻通过同一电流，那么，这种连接方式就称为电阻的串联。图1.6所示是电阻串联的电路。

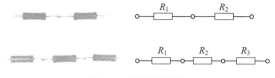

图1.6 电阻的串联

由于电流只有一条通路，所以电路的总电阻R必然等于各串联电阻之和，即

$$R=R_1+R_2$$

R称为电阻串联电路的等效电阻。

电流I流过电阻R_1和R_2时都要产生电压降，分别用U_1和U_2表示，即

$$U_1=IR_1$$
$$U_2=IR_2$$

电路的外加电压U，等于各串联电阻上的电压降之和，即

$$U=U_1+U_2=IR_1+IR_2=I（R_1+R_2）=IR$$

【例题】如图1.7所示，三个电阻（$R_1=40\Omega$，$R_2=50\Omega$，$R_3=60\Omega$）串联接于3V电源上，计算等效电阻R（Ω）、电路中的电流I（A）和各部分的电压V_1、V_2、V_3。

解：$R = R_1 + R_2 + R_3 = 40 + 50 + 60 = 150 (\Omega)$

$I = \dfrac{V}{R} = \dfrac{3}{150} = 0.02 （A）= 20 （mA）$

$V_1 = IR_1 = 0.02 \times 40 = 0.8 （V）$

$V_2 = IR_2 = 0.02 \times 50 = 1.0 （V）$

$V_3 = IR_3 = 0.02 \times 60 = 1.2 （V）$

因为电阻中有电流时电压降与电阻成正比，所以如果两个电阻串联时，电压按一定比例分压。

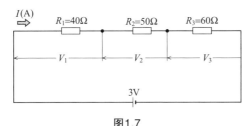

图1.7

007　电阻的并联

如果电路中有两个或更多个电阻连接在两个公共的节点之间，则这样的连接方式就称为电阻的并联。各个并联电阻上承受着同一电压。图1.8是电阻并联的电路。

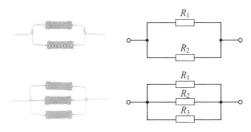

图1.8　电阻的并联

根据欧姆定律，可以分别计算出每个电阻上的电流

$I_1 = \dfrac{U}{R_1}$

$$I_2 = \frac{U}{R_2}$$

电路主回路部分的电流，等于各并联支路中电流的总和，即

$$I = I_1 + I_2$$

两个并联电阻也可以用一个等效电阻R来代替。等效电阻R的阻值大小可由下式推出

$$\frac{U}{R} = \frac{U}{R_1} + \frac{U}{R_2}$$

由此得出

$$\frac{1}{R} = \frac{1}{R_1} + \frac{1}{R_2}$$

上式表明，多个电阻并联以后的等效电阻R的倒数等于各个支路电阻的倒数之和。由上式可以方便地计算出电阻并联电路的等效电阻。

在实际工作中，经常需要计算两个电阻并联的等效电阻，这时可利用下列简洁公式求得

$$R = \frac{1}{\left(\dfrac{1}{R_1} + \dfrac{1}{R_2}\right)} = \frac{R_1 R_2}{(R_1 + R_2)}$$

【例题】如图1.9所示，三个电阻（$2\,\Omega,3\,\Omega,6\,\Omega$）并联，给此并联电路加上6V电压时，总电流为多少A？

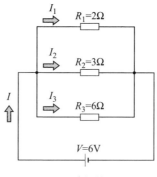

图1.9　例题插图

解：$R = \dfrac{1}{\left(\dfrac{1}{R_1} + \dfrac{1}{R_2} + \dfrac{1}{R_3}\right)} = \dfrac{1}{\dfrac{1}{2} + \dfrac{1}{3} + \dfrac{1}{6}}$

$\qquad = \dfrac{1}{\dfrac{(3+2+1)}{6}} = 1 \ (\ \Omega\ )$

$\qquad I = \dfrac{V}{R} = \dfrac{6}{1} = 6 \ (\ A\ )$

另解：

$I_1 = \dfrac{V}{R_1} = \dfrac{6}{2} = 3 \ (\ A\ )$ $\qquad\qquad$ $I_2 = \dfrac{V}{R_2} = \dfrac{6}{3} = 2 \ (\ A\ )$

$I_3 = \dfrac{V}{R_3} = \dfrac{6}{6} = 1 \ (\ A\ )$ $\qquad\qquad$ $I = I_1 + I_2 + I_3 = 3+2+1 = 6 \ (\ A\ )$

008 电阻的混联

在一个电路中，既有并联电阻，又有串联电阻，这类电路称为电阻的混联电路。在图1.10（a）中，R_2和R_3并联，然后再与R_1串联；在图1.10（b）中，R_1和R_2串联，再与R_3并联。上列电路都是电阻的混联电路。

尽管电阻的混联电路在形式上比较复杂，但只要熟练地掌握了电阻串联与并联的分析和计算方法，求解混联电路就不会有什么困难，下面通过例题说明分析电阻混联电路的方法与步骤。

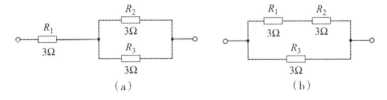

图1.10　电阻的混联电路

【**例题**】试计算图1.11所示电路中各部分的电流和电压。

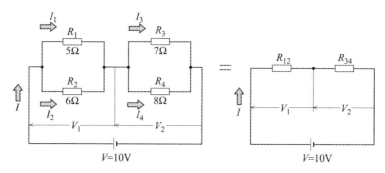

图1.11 例题插图

解：先计算R_1和R_2及R_3和R_4的等效电阻R_{12}，R_{34}：

$$R_{12}=\frac{1}{\left(\dfrac{1}{R_1}+\dfrac{1}{R_2}\right)}=\frac{R_1R_2}{(R_1+R_2)}=\frac{5\times 6}{(5+6)}=2.727（\Omega）$$

$$R_{34}=\frac{1}{\left(\dfrac{1}{R_3}+\dfrac{1}{R_4}\right)}=\frac{R_3R_4}{(R_3+R_4)}=\frac{7\times 8}{(7+8)}=3.733（\Omega）$$

计算总电流I：

$$I=\frac{V}{(R_{12}+R_{34})}=\frac{10}{(2.727+3.733)}=1.548（A）$$

计算电压V_1，V_2：

$$V_1=IR_{12}=1.548\times 2.727=4.22（V）$$

$$V_2=IR_{34}=1.548\times 3.733=5.78（V）$$

计算I_1，I_2，I_3，I_4：

$$I_1=\frac{V_1}{R_1}=4.22/5=0.844（A）$$

$$I_2=\frac{V_1}{R_2}=4.22/6=0.703（A）$$

$$I_3=\frac{V_2}{R_3}=5.78/7=0.826（A）$$

$$I_4 = \frac{V_2}{R_4} = 5.78/8 = 0.723 \text{（A）}$$

009 全电路欧姆定律

图1.12所示是一个由电源、负载和连接导线组成的闭合电路。实际上，任何电源自身都是具有一定电阻的，电源自身的电阻叫电源内阻，用符号R_0表示。为了分析方便，可以把电源等效为恒定电动势E和内阻R_0的串联支路，如图1.13所示。在这个闭合电路中，电流的大小可以由下式算出：

$$I = \frac{E}{(R_0 + R)}$$

上式表明，在只有一个电源的无分支闭合电路中，电流与电动势成正比，与全电路的电阻成反比，这个规律称为全电路欧姆定律。

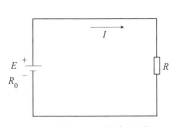

图1.12 闭合电路

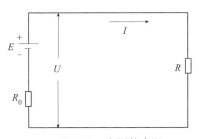

图1.13 电源的内阻

根据全电路欧姆定律可以得出

$$E = I(R + R_0) - IR + IR_0$$

式中，IR是外电路的电压降（U），等于电源的端电压；IR_0是电源内阻上的电压降，即

$$E = U + IR_0$$

可以写成

$$U = E - IR_0$$

上式具有明显的物理意义，它说明正电源有内阻时，电源的端电压等于电动势减去电源内阻上的电压降。通常，电动势E和电源内阻可以看

成恒定不变，当负载电流I变化时，电源端电压U也将发生波动。电源的端电压U与负载电流I之间的关系U=f（I）称为电源的外特性，用函数图表示，如图1.14所示。显然，电流越大，电源端电压下降得越多。如果电源内阻R_0很小，即$R_0 \ll R$，则$U \approx E$，此时负载变动时，电源的端电压变动不大。电源内阻的大小决定着电源带负载的能力。

【例题】如图1.15所示，开关S闭合后，电压表的读数为219V，已知电源内阻为0.1Ω，负载电阻为21.9Ω，求开关S断开后电压表的读数。

解：根据欧姆定律，电路中的电流为

$$I = \frac{U}{R} = \frac{219}{21.9} = 10 \text{（A）}$$

电源内部电压降为

$$IR_0 = 10 \times 0.1 = 1 \text{（V）}$$

电源的开路电压在数值上等于电动势

$$E = U + IR_0 = 219 + 1 = 220 \text{（V）}$$

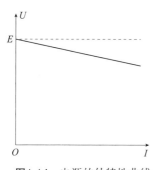

图1.14 电源的外特性曲线

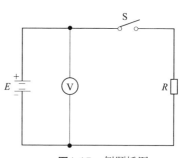

图1.15 例题插图

010 电功和电功率

各种各样的电气设备接通电源后都在做功，把电能转换成其他形式的能量，例如热能、光能、机械能等，电流在一段电路上所做的功，与这段电路两端的电压、流过电路的电流以及通电时间成正比，即

$$W = UIt$$

式中，W为电功，单位为焦［耳］（J）；U为电压，单位为伏［特］（V）；I为电流，单位为安［培］（A）；t为时间，单位为秒（s）。

将$U=IR$代入，可得

$$W=I^2Rt$$

若将$I=U/R$代入，则得

$$W=\frac{U^2}{R}t$$

电功的基本单位是焦［耳］，它是这样规定的：若负载的端电压为1V，通过的电流为1A，电流每秒所做的功就是1焦［耳］。

电气设备在单位时间内所做的功叫电功率（简称功率），用符号P表示，即

$$P=\frac{W}{t}$$

电功率的单位是瓦［特］，用符号W表示。1瓦［特］就是在1秒内做了1焦［耳］的功。

$$P=UI$$

也就是说，电流在电路中所产生的电功率，等于电压和电流的乘积。上式还可以写成

$$P=I^2R，P=\frac{U^2}{R}$$

电功率的较大单位为千瓦，用符号kW表示：

$$1kW=1\,000W$$

知道了用电设备的电功率，乘上用电时间，就能算出它所消耗的电能，即

$$W=Pt$$

在实际工作中，电功率的单位用千瓦（kW），时间的单位用小时（h），计量用电量（消耗的电能）的实用单位为千瓦小时，用kW·h来表示，1kW·h就是俗称的1度电。

【例题】有一只220V、60W的电灯，接在220V的电源上，试求通过电灯的电流和电灯在220V电压下工作时的电阻。如果每晚用3h，问一个

月消耗多少电能？

解：根据$P=UI$，可得

$$I=\frac{P}{U}=\frac{60}{220}\approx0.273（A）$$

应用欧姆定律可得

$$R=\frac{U}{I}=\frac{220}{0.273}\approx806（\Omega）$$

一个月消耗电能为

$$W=Pt=60\times10.3\times3\times30=0.06\times90=5.4（kW\cdot h）$$

011 电流的热效应

电流通过导体时，由于导体有电阻，在电阻上将会消耗能量，把电能转换成热能。电流通过导体时会使导体发热，这种现象称为电流的热效应。白炽灯、电烙铁、电炉等电热器具，都是利用电流的热效应进行工作的。那么，热和功之间有什么关系呢？18世纪40年代，英国物理学家焦耳和物理学家楞次，各自独立地研究确定了一个有关电能与热能转换关系的重要定律——焦耳-楞次定律。焦耳-楞次定律说明，电流流过导体时产生的热量，与电流强度的平方、导体本身的电阻以及电流通过的时间成正比。电流通过电阻时发出的热量可用下式来计算

$$Q=0.24I^2Rt$$

式中，Q为热量，单位为卡［路里］；I为电流，单位为安［培］（A）；R为电阻，单位为欧［姆］（Ω）；t为时间，单位为秒（s）；0.24为换算系数。

【例题】有一电热器具，热态电阻为25Ω，通过它的电流为5A，问在15min内，产生的热量为多少千卡？

解：$Q=0.24I^2Rt=0.24\times5^2\times25\times15\times60=135\ 000（卡）=135（千卡）$

012 电流的磁效应

1819年，丹麦物理学家奥斯特做了一个著名的实验，他将一个小

磁针移近一根通有电流的导体，意外地发现小磁针发生了偏转，说明导体中的电流产生了磁场，小磁针受到磁场力的作用而偏转。实验还进一步发现，通过导线的电流越大，或者磁针离通电导线越近，这种偏转作用就越强。如果改变导线中电流的方向，磁针偏转方向也会随着改变。切断导线中的电流，磁场随之消失，小磁针回到原位。奥斯特的实验说明：磁场总是伴随着电流而存在，电流永远被磁场包围着。

在奥斯特发现通电导体周围存在磁场之后不久，法国物理学家安培确定了通电导线周围磁场的形状。他把一根粗铜线垂直地穿过一块硬纸板的中部，又在硬纸板上均匀地撒上一层细铁粉。当用蓄电池给粗铜线通上电流时，用手轻轻地敲击纸板，纸板上的铁粉就围绕导线排列成一个个同心圆，如图1.16所示。仔细观察就会发现，离导线穿过的点越近，铁粉排列得越密。这就表明，离导线越近的地方，磁场越强。如果取一个小磁针放在圆环上，小磁针的指向就停止在圆环的切线方向上。小磁针北极（N极）所指的方向就是磁力线的方向。改变导线中电流的方向，小磁针的方向也跟着改变，说明磁场的方向完全取决于导线电流的方向。电流的方向与磁力线的方向之间可用左手定则来判定，如图1.17所示。伸出左手，拇指指向电流流动的方向，其余四根弯曲的手指所指的方向就是围绕着导体的磁力线方向。

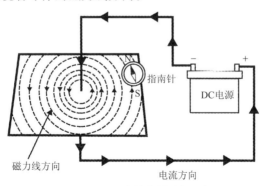

图1.16 通电直导线周围的磁场

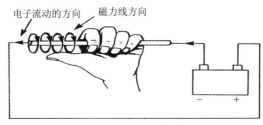

图1.17 左手定则

许多电气设备（如变压器、电动机、交流接触器）都使用着用导线绕成的线圈。当线圈通入电流时，就会有磁力线穿过线圈，如同条形磁铁一样，磁力线从线圈穿出的一端是北极（N极），磁力线穿入的一端为南极（S极），如图1.18所示。

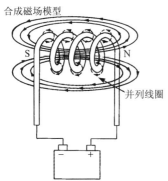

图1.18 线圈的磁场

通电线圈的磁场方向可以用线圈的右手螺旋定则来确定：右手握住线圈，使弯曲的四指的指向与线圈中电流的方向一致，则与四指垂直的大拇指的方向就是穿过线圈的磁力线的方向。

实验证明，通电线圈的磁场强弱，与线圈的绕线匝数以及通入的电流大小成正比。电磁铁就是根据这个道理制成的。

013 电磁力与磁感应强度

磁场是物质的一种形式，在磁场中分布着能量，它具有一些十分重要的特性。

取长度为1m的直导体，放入磁场中，使导体的方向与磁场的方向垂直。当导体通过电流I时，就会受到磁场对它的作用力F，这种磁场对通电导体产生的作用力叫电磁力，如图1.19所示。实验证明，电磁力F与磁场的强弱、电流的大小以及导体在磁场范围内的有效长度有关。

　　磁场内某一点磁场的强弱，可用1m长、通有1A电流的导体上所受的电磁力F来衡量（导体与磁场方向垂直），定义为磁感应强度，用符号B来表示，即

$$B=\frac{F}{Il}$$

式中，F为电磁力，单位为牛［顿］（N）；I为电流，单位为安［培］（A）；l是导体长度，单位为米（m）。此时，磁感应强度B的单位为特［斯拉］，用T表示。磁感应强度B是矢量。

　　磁场对通电导体的作用力F的方向可用左手定则来确定，如图1.20所示，将左手平伸，大拇指和四指垂直，让手心面向磁力线，四指指向电流的方向，则大拇指的指向就是电磁力F的方向。

　　磁感应强度B与垂直于磁场方向的面积S的乘积，叫做磁通，用字母Φ表示，单位是韦［伯］（Wb）。通俗地说，磁通可理解为磁力线的根数，而磁感应强度B则相当于磁力线密度。磁感应强度B和磁通Φ之间的关系，可用下式表示

$$\Phi=BS$$

$$B=\frac{\Phi}{S}$$

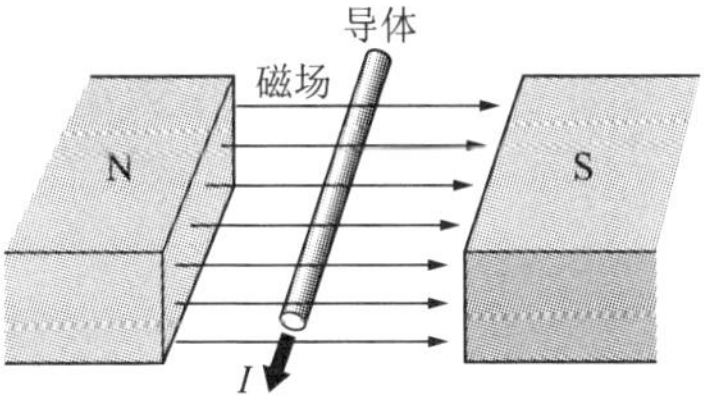

图1.19　电磁力 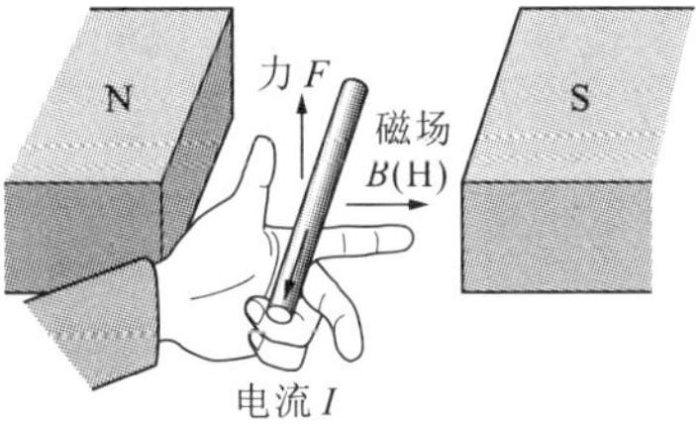　　　　　　**图1.20　左手定则**

014　电磁感应

　　1831年英国物理学家法拉第发现，当处在磁场中的导体做切割磁力线的运动时，导体中就会产生电动势，这种现象就是电磁感应。这个电动势叫做感应电动势，导体回路中产生的电流叫做感应电流。

实验证明，感应电动势E与磁场的磁感应强度B、导体的有效长度l以及导线的运动速度v成正比，即

$$E=Blv$$

式中，B的单位为特［斯拉］（T），l的单位为米（m），v的单位为米／秒（m/s），B的单位为伏［特］（V）。上式说明，导体切割磁力线的速度越快、磁场的磁力线越密以及导体在磁场范围内的有效长度越大，感应电动势也越大。换句话说，导体在单位时间内切割的磁力线越多，导体中产生的感应电动势就越大。

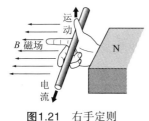

图1.21 右手定则

直导体中感应电动势的方向可用右手定则来判定，如图1.21所示。将右手3个手指互相成直角张开，使拇指代表导体的运动方向，食指朝着磁通方向，在中指的方向上就产生感应电动势。

上述直导体在磁场中做切割磁力线的运动产生感应电动势的现象，只是电磁感应的一个特例。法拉第总结了大量电磁感应实验的结果，得出了一个确定感应电动势大小和方向的普遍规律，称为法拉第电磁感应定律。

法拉第电磁感应定律说明：不论由于任何原因或通过什么方式，只要使穿过导体回路的磁通（磁力线）发生变化，导体回路中就必然会产生感应电动势。感应电动势的大小与磁通的变化率成正比，即

$$e=-\frac{\Delta\varPhi}{\Delta t}$$

式中，$\Delta\varPhi$为磁通的变化量，单位为Wb；Δt为时间的变化量，单位为s；e为感应电动势，单位为V。式中的"−"号是用来确定感应电动势方向的，后面再作解释。

若回路是一个匝数为N的线圈，则线圈中的感应电动势为

$$e=-N\frac{\Delta\varPhi}{\Delta t}$$

015 楞次定律

如图1.22所示，如果移动磁铁，则在线圈中产生感应电流，该感应电流的方向总是使它所产生的磁通阻碍外部磁通的变化，这就是楞次定律。

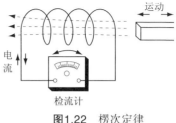

图1.22 楞次定律

感应电动势的大小，与穿过线圈的磁通变化率成正比。

$$e = \frac{\Delta \Phi}{\Delta t} \ (\text{V})$$

$$e = N\frac{\Delta \Phi}{\Delta t} \ (\text{V})$$

一匝线圈中的磁通，在1s内以1Wb的变化率变化时，所产生的感应电动势e的大小是1V。如果线圈为N匝，则感应电动势e变为N倍。

016 线圈与电感

当线圈中通过电流时，就会有磁通穿过线圈。当线圈中电流发生变化或接通与断开线圈回路时，穿过线圈的磁通量也随着发生变化。根据法拉第电磁感应定律，穿过线圈的磁通发生变化时，线圈中就会产生感应电动势。这种由于线圈自身电流变化，在线圈自身引起感应电动势的现象，称为自感应。由自感应产生的电动势叫自感电动势，用符号e_L表示。

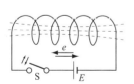

图1.23 线圈中的自感电动势

在图1.23中，当开关S闭合瞬间，流过线圈的电流从无到有，发生急骤的变化，变化的电流产生变化的磁通，在线圈中引起自感电动势，自感电动势阻碍电流的变化，所以它的方向与电源电动势方向相反，在图1.23中自感电动势的方向用双箭头表示。

在线圈接通电源时，由于线圈中自感电动势阻碍电流的增加，所以电流不可能立刻达到最终的稳定值，而是从0逐渐上升到稳定值。由此可以得出一个十分重要的结论：通过线圈（即电感）的电流不能突变。

根据法拉第电磁感应定律，线圈中电流变化速率越大，通过线圈的磁通变化速率越大，自感电动势也越强。可是，对于结构不同的线圈，即使电流变化速率相同，所引起的自感电动势却可能不相同。这就意味着电流的变化只是产生自感电动势的外因，线圈的结构特点决定着它产生自感电动势的固有能力，是内因。为此，需要引出一个体现线圈自身产生自感电动势固有能力的物理量，我们称之为电感量，简称电感，以L表示。

电感L的大小是这样规定的：如果通过线圈的电流每秒变化1A，线圈中产生的自感电动势为1V，则电感定为1亨［利］，用H表示，于是

$$e_{\mathrm{L}} = L\frac{\Delta I}{\Delta t}$$

显然，自感电动势e_{L}的大小与线圈的电感L及电流变化速率$\frac{\Delta I}{\Delta t}$成正比。

【例题】一个线圈通入每秒变化10A的电流，若电流是随时间增加的，线圈的电感为0.126H，求自感电动势。

解：已知$\Delta t=1\mathrm{s}$，$\Delta I=10\mathrm{A}$，$\frac{\Delta I}{\Delta t}$为正值，且$L=0.126\mathrm{H}$，则

$$e_{\mathrm{L}} = -L\frac{\Delta I}{\Delta t} = -\frac{0.126\times10}{1} = -1.26（\mathrm{V}）$$

式中的负号表示自感电动势e_{L}的方向与电流方向相反。

017 电容和电容器

当两个导体的中间用绝缘的物质隔开时，就形成了电容器。组成电容器的两个导体叫做极板，中间的绝缘物叫做电容器的介质。电容器的符号如图1.24和图1.25所示。广义地说，被介质分开的任意形状的金属导体的组合，都可以看成一个电容器。例如，被空气分割的两根架空导线，地下电缆的两根芯线，任一根架空线与大地之间，都相当于一个电容器。

图1.24　电容器的图形符号　　图1.25　有极性的电容器的图形符号

顾名思义，电容器是一种储存电荷的容器。如果使电容器的一个极板带上正电荷，另一个极板带上等量的负电荷，那么异性电荷就要互相吸引而保持在电容器的极板上，我们就说，电容器储存了电荷。

如图1.26所示，利用电池对电容量不同的两个电容器充电（将电荷给电容器，这称为充电）。这样，当电压加在电容器上时，则电极板上储存电荷。如果电极板短路或者绝缘不够，则在电极板间有电流流过，电极板上的正负电荷中和，就不能储存电荷（图1.27）。

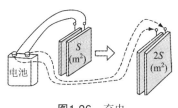

图1.26　充电

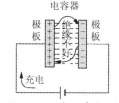

图1.27　由于中和而不能储存电荷

另外，若电容器加上超过一定大小的电压，就会损坏绝缘，使电容器不能使用。因此，必须标明电容器能够承受多大的电压，该值称为电容器的耐压。电容器上通常标明耐压大小，电容器必须在耐压以下使用。

电容器中储存的电荷量多少可以用下面的方法简单进行判断，将图1.26中的电容器按图1.28所示方法用螺丝刀的尖端将极板之间进行短路。不容许直接将电池等电源的电极短路，但在用电容器做这样的实验时，进行短路没有关系。这时，容量大的电容器，放电电流也大，所产生的火

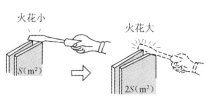

图1.28　放电

花也大，因此可以知道储存了许多电荷。注意，实验时不要用手碰触螺丝刀的金属部分。

在同样的电压下，不同的电容器所储存的电荷量也不一定相等。为了比较和衡量电容器本身储存电荷的能力，可用每伏电压下电容器所储存的电荷量的多少作为电容器的电容量，电容量用字母C表示，即

$$C=\frac{Q}{U}$$

式中，C为电容器的电容量；Q为极板上的电荷量；U为电容器两端的电压。

018 什么是交流电

图1.29所示是一个简单的交流电路。当交流电源的出线端a为正极、b为负极时，电流就从a端流出，经过负载流回b端，如图中实线箭头所示。过一会儿，出线端a变为负极，b变为正极，电流就由b端流出，经过负载流回a端，如图中虚线箭头所示。交流电不仅方向随时间作周期性的变化，其大小也随时间连续变比，在每一瞬间都会有不同的数值。所以，在交流电路中，采用小写字母i、u、e、p等表示交流电的瞬时值。

交流发电机也是利用电磁感应原理进行上面工作的，在N、S两个磁极之间有一个装在轴上的圆柱形铁芯，它可以在磁极之间转动，称为转子。转子铁芯槽内嵌放着线圈（图中只画出了其中的一匝），如图1.30所示。

设转子以均匀的角速度w（其定义后面给出）顺时针方向旋转，则导线也随转子一起旋转。导线转到位置1时，切割不到磁力线，导线中不产生感应电动势。转到位置2时，将因切割磁力线产生感应电动势，用右手定则可以判定其方向是由外向内的。转到位置5时，不切割磁力线，没有感应电动势产生。转到位置6时，又将切割磁力线而产生感应电动势，用右手定则可以判定其方向是从内向外的。这样，导线随转子旋转一周时，导体中感应电动势的方向交变一次，即转到N极下是一个方向，转到S极下变为另一个方向，这就是产生交流电的基本原理。

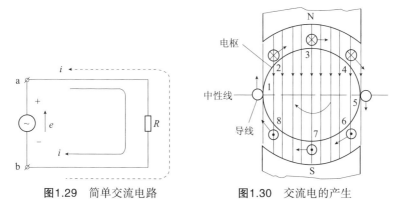

图1.29 简单交流电路　　图1.30 交流电的产生

　　发电厂、电力网供给用户的都是正弦交流电。怎样获得按正弦规律变化的交流电呢?原来在制造发电机时,把磁极的极面做成特定的形状,使转子和定子间的气隙中磁感应强度B按正弦规律分布, $B=v(\alpha)$是一条正弦曲线。由于发电机线圈导线长度l、导线切割磁力线的速度v都是不变的,所以感应电动势e也是按正弦规律变化的,$e=f(\alpha)$的变化曲线如图1.31所示。

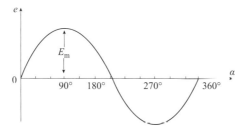

图1.31 交流发电机产生的电动势e与转角α的关系

　　据此,可列出正弦函数式

$$e=E_{\mathrm{m}}\sin\alpha$$

　　由于发电机转子是以角速度ω旋转的,所以速度就是单位时间转过的角度,即

$$\omega=\frac{\alpha}{t}$$

可得$\alpha=\omega t$，代入感应电动势e的正弦函数表示式中，得到正弦电动势随时间t变化的表达式

$$e=E_m\sin\omega t$$

同理，正弦电流可以写成

$$i=I_m\sin\omega t$$

上面两式中，E_m、I_m分别为正弦电动势和正弦电流的最大值（又叫幅值或峰值）；ωt是角度，在$0°$ ~$360°$ 之间变化。

019 交流电的周期、频率和角频率

大家知道，正弦交流电的瞬时值每经过一定的时间段会重复一次。在交流电变化的过程中，由某一瞬时值经过一个循环后变化到同样方向和大小的瞬时值，叫做变化一周。我们把交流电变化一周表示为360° 或2π弧度，称为电角度。

如图1.32所示，交流电变化一周所需用的时间叫周期，用字母T表示，以秒（s）作单位。周期越短，交流电变化越快，我国电力网供给的交流电，周期为0.02s。

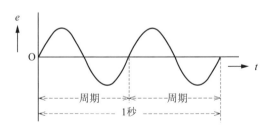

图1.32 交流电的周期

在1s内变化的周期数，叫做交流电的频率，用字母f表示。每秒变化一周期，定为1赫〔兹〕，用Hz表示。我国电力网供给的交流电都是50Hz。

显然，周期与频率的关系为

$$T=\frac{1}{f}$$

$$f = \frac{1}{T}$$

在进行正弦交流电路的计算时，常采用角频率ω这一参数。角频率ω与频率f的差别就是它不用每秒变化的周期数而用每秒所经历的角度来表示交流电变化的快慢。交流电变化一周可表示为360°，也就是2π弧度。因此角频率ω与频率f、周期T的关系为

$$\omega = 2\frac{\pi}{T} = 2\pi f$$

式中，ω的单位为弧度／秒，常写成rad／s。50Hz相当于314rad/s。

【例题】已知一正弦交流电的周期为0.0025s，试求其频率和角频率。

解：因频率为周期的倒数，所以

$$f = \frac{1}{T} = \frac{1}{0.002\,5} = 400（Hz）$$

角频率为

$$\omega = 2\pi f = 6.28 \times 400 = 2\,512（rad/s）$$

⑳ 交流电的相位

大家已经熟悉了反映交流电变化规律的三角函数表示式

$$e = E_{m}\sin\omega\, t$$

在分析两个或两个以上的正弦量的关系时，常常需要考虑$t=0$瞬间，$e \neq 0$的情况，即当$t=0$时，$a=\psi$。相当于计时开始时导体已从中性面转过了一个角度ψ。这时，导体中的感应电动势为

$$e_{0} = E_{m}\sin\psi$$

经过时间t之后，导体转到另一位置，角度增加了ωt，相应的电动势为

$$e = E_{m}\sin（\omega t + \psi）$$

对于一个确定的时间t，就有一个角度（$\omega t + \psi$）与之相对应，也就有一确定的正弦量的瞬时值。所以，（$\omega t + \psi$）是表示交流电变化进程的一个量，称为交流电的相位。相位的大小表明正弦量在变化过程中所达到的状态，不同的相位对应着不同的正弦量瞬时值。例如，当相位$\omega t + \psi = 0$

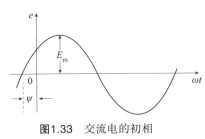

图1.33 交流电的初相

时，正弦量变化到取零值的状态；当相位$\omega t+\psi=90°$时，正弦量变化到取最大值的状态。换句话说，相位决定着正弦量的瞬时值大小及其方向。

计时开始（$t=0$）时的相位ψ，叫做初相位，简称初相。初相的意义可从图1.33所示的波形图上一目了然。

最大值、角频率和初相常称为正弦量的三要素。

在研究单一的正弦交流电时，相位没有什么实际意义，如果要分析两个或两个以上的同频率正弦量时，初相的意义就显示出来了。

发电机的转子上有两组相同的线圈1和2，它们相互垂直，也就是说在空间位置上相隔90°。当转子以角速度ω旋转时，这两组线圈都同时切割磁力线，并分别感应出电动势e_1和e_2。显然，这两个电动势最大值相等，频率相同，只是两组线圈在空间位置上相隔90°，所以e_1达到最大值的瞬间，e_2达到零值；而当e_1达到零值的瞬间，e_2却达到最大值……这就是说，两个电动势的相位不同，初相不同。假设e_1的初相为90°，则e_2的初相为0°，据此可列出它们的三角函数表示式

$$e_1=E_m\sin(\omega t+90°)$$
$$e_2=E_m\sin\omega t$$

图1.34所示为e_1和e_2的波形图。

图1.34中，e_1和e_2的相位差为

$$\psi=(\omega t+90°)-\omega t=90°$$

两个同频率的正弦量的相位差，等于它们的初相角之差，即

$$\psi=\psi_1-\psi_2$$

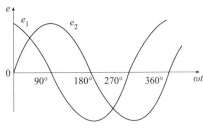

图1.34 两个同频率正弦量的相位差

图中，e_1先达到最大值（或零值），e_2后达到最大值（或零值），我们就说e_1在相位上超前e_2，或者e_2在相位上滞后e_1。

如果两个同频率的正弦量的相位差为零，它们在变化过程中就会同

时到达最大值或零值，这种相位关系叫同相，如图1.35（a）所示。如果一个正弦量达到正的最大值瞬间，另一个同频率的正弦量恰好达到负的最大值，那么它们之间的相位差是180°，这种相位关系称为反相，如图1.35（b）所示。

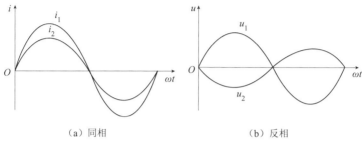

（a）同相　　　　　　　　　（b）反相

图1.35　同相和反相

021　交流电的有效值

什么是正弦交流电的有效值呢？它是这样定义的：在同样的两个电阻内分别通入交流电和直流电，如果在相同的时间内它们产生的热量相等（做的功相等），我们就说这两个电流是等效的，这时的直流电流I值就作为交流电的有效值。换句话说，交流电的有效值，就是与它的热效应相等的直流值，如图1.36所示。

根据数学推导，交流电的有效值与最大值的关系为

$$I = \frac{I_m}{\sqrt{2}} = 0.707 I_m$$

$$U = \frac{U_m}{\sqrt{2}} = 0.707 U_m$$

交流电的有效值在实际工作中应用非常广泛。变压器、感应电动机和灯泡上标注的电压、电流数值都是有效值。用交流电表测量的电流、电压也是有效值。

【例题】已知交流电压的有效值为220V，求它的最大值。

解：$U_m = 2U = 1.41 \times 220 \approx 311$（V）

【例题】已知正弦电流的最大值为5A，求它的有效值。

解：$I=0.707I_m=0.707 \times 5 \approx 3.54$（A）

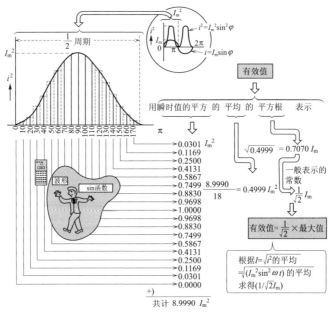

图1.36 交流电有效值的确定

022 纯电阻交流电路

只含有电阻负载的交流电路在实际应用中经常遇到，例如白炽灯、电炉、电热毯、电饭锅……这种电路是最简单的交流电路，我们从它入手，可以逐步掌握交流电路的分析方法。

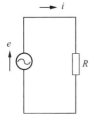

图1.37 纯电阻电路

如图1.37所示，在纯电阻负载R两端外加正弦交流电压u，电路将流过电流i。由于电阻R是不随时间变化的，所以在每一瞬间电阻上，电压和电流的关系是遵循欧姆定律的，即

$$i=\frac{u}{R}$$

如果加在电路两端的电压为

$$u=U_m\sin\omega t$$

那么

$$i=\frac{u}{R}=\frac{U_m}{R}\sin\omega t$$

式中，$\frac{U_m}{R}=I_m$，所以$i=I_m\sin\omega t$。

电阻上电压与电流的关系可用图1.38所示的波形图来表示。显然，在纯电阻负载上，电压与电流是同相关系。

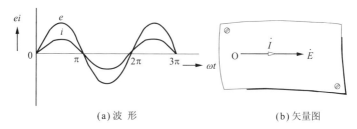

(a) 波　形　　　　　　　　　　(b) 矢量图

图1.38　纯电阻交流电路的波形

若电压和电流用有效值表示，则

$$I=\frac{U}{R}$$

上式称为纯电阻交流电路的欧姆定律。

纯电阻负载上消耗的平均功率为

$$P=UI=I^2R=\frac{U^2}{R}$$

【例题】一个纯电阻交流电路，电阻$R=2\,\Omega$，电源电压$u=10\sin\omega t$，试计算电流的有效值及电阻消耗的平均功率。

解：交流电压的有效值为

$$U=\frac{U_m}{\sqrt{2}}=\frac{10}{\sqrt{2}}=7.1（V）$$

由纯电阻交流电路的欧姆定律可求出电流的有效值

$$I=\frac{U}{R}=\frac{7.1}{2}\approx 3.55（A）$$

电流的最大值为

$I_m=2I=1.41 \times 3.55=5.02$（A）

平均功率

$P=UI=7.1 \times 3.55 \approx 25.20$（W）

023 纯电感交流电路

当通过电感线圈的电流发生变化时，穿过线圈的磁通量也跟着发生变化，从而在线圈自身引起自感电动势，即

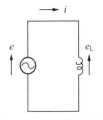

图1.39　纯电感交流电路

$$e_L=-L\frac{\Delta I}{\Delta t}$$

在正弦交流电路中，电流每时每刻都在变化，因而在电感线圈中每时每刻有自感电动势的作用。

图1.39所示为纯电感交流电路。

自感电动势的大小、方向与电流变化的关系，可以画出图1.40所示的波形图。显而易见，在纯电感交流电路中，自感电动势与电流的变化步调是不一致的，在相位上电流超前自感电动势90°。

由于自感电动势不断地与电流的变化起着相反的作用，所以要使电流流过线圈，外加电压必须克服自感电动势，与自感电动势相抗衡，也就是电感线圈两端的电压在每一瞬间都与自感电动势大小相等而方向相反。这样，就使得电感上的电压与电流产生了相位差，如图1.40所示，电压在相位上超前电流90°。纯电感的交流电路中，自感电动势对电流呈现的阻力叫感抗，用符号X_L表示。根据理论推导

$X_L=\omega L=2\pi fL$

感抗的单位为欧［姆］。于是

$$I=\frac{U}{X_L}$$

上式称为纯电感交流电路的欧姆定律。

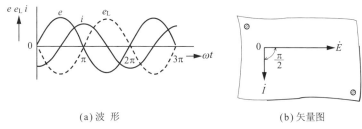

(a) 波 形　　　　　　　　(b) 矢量图

图1.40　纯电感电路的波形与矢量关系

024 纯电容交流电路

把电容器串联在直流电路中时，由于电容器的两个极板间被绝缘的介质隔开了，电流不能通，因此它对直流电相当于开路。可是，若把电容器接在交流电路中，如图1.41所示，情况就不同了，电路不会出现持续的交变电流，这又是怎么回事呢?下面就谈谈电容器在交流电路中的作用。

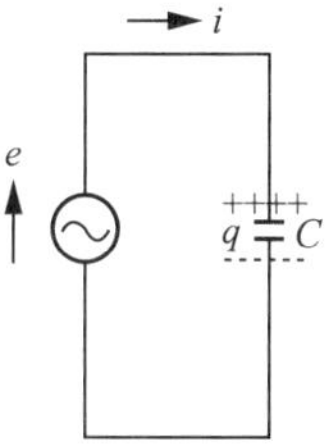

如图1.41所示，把电容器接在正弦交流电路中，由于正弦电压的大小和方向随时间作周期性变化，电容器将被从两个方向往复交替地充电和放电，这时，在电路中就会出现交变电流。

如图1.42所示，加在电容器两端的电压u随时间变化时，电容器极板上的电荷量$q=Cu$也要相应地变化。

图1.41　纯电容的交流电路

显然，充电和放电电流是由大小和方向交变的正弦电压u引起的，电流的大小和方向可由下式确定

$$i=\frac{\Delta Q}{\Delta t}=C\frac{\Delta U}{\Delta t}$$

从图1.42的波形图不难看出：当电压变化到趋近于零值时，其变化速率最大，因而在电压变化到零值的瞬间，电流变化到最大值；当电压变化到趋近最大值的瞬间，其变化速率趋近于零，电流也接近于零。

电容器在电路中对交变电流所呈现的阻力叫做容抗，用符号X_C表示，单位为欧［姆］。根据理论推导，电容器对正弦电流呈现的容抗可

由下式算出

$$X_C = \frac{1}{\omega C} = \frac{1}{2}\pi fC$$

纯电容交流电路中，电流I与电压U成正比，与容抗X_C成反比，即

$$I = \frac{U}{X_C}$$

上式就是纯电容交流电路的欧姆定律。

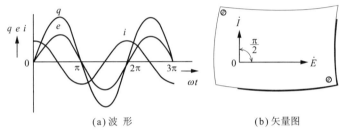

（a）波　形　　　　　　　（b）矢量图

图1.42　纯电容交流电路电压与电流的波形

025 交流电路的阻抗

正弦交流电路中发生的物理过程，比直流电路复杂得多。大家知道，在直流电路中，电感和电容只是电压或电流突然变化时，才表现出它们的作用。对恒稳直流电来说，电感相当于短路（忽略线圈导线的电阻），电容器相当于开路。而对交流电来说，除电阻外，电感和电容也成为影响电流大小的阻力，这就是感抗和容抗。

在计算正弦交流电路时，常遇到含有电阻、电感和电容串联的情况，它们对正弦电流呈现的总阻力叫阻抗。

假设将电阻R、电感L和电容器C串联后接在交流电源上，如图1.43（a）所示，则在电压u的作用下，将有电流i流过电路。电流通过电阻时（阻值为R），产生电阻电压降u_R，它与电流i同相，电流流过电感时（感抗值为X_L），产生电感电压降U_L，在相位上超前电流90°；电流流过电容时（容抗值为X_C），产生电容电压降U_C，相位上滞后电流90°。根据各电压降与电流的相位关系，可以画出图1.43（b）所示的矢量图。

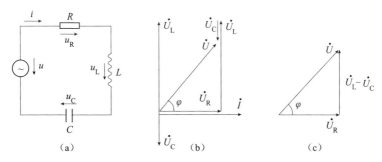

图1.43 *RLC*串联交流电路及其矢量图

由图可见，电感电压降$\dot{U}_L$和电容电压$\dot{U}_C$相位相反，$\dot{U}$、$\dot{U}_R$、$\dot{U}_L-\dot{U}_C$构成一个电压三角形，如图1.43（c）所示。根据数学推导可得

$$I=U/\sqrt{R^2+(X_L-X_C)^2}=\frac{U}{Z}$$

上式中，$\sqrt{R^2+(X_L-X_C)^2}$ 是电阻、电感和电容器串联后对正弦电流呈现的总阻抗，可用Z表示，即

$$Z=\sqrt{R^2+(X_L-X_C)^2}$$

上式为RLC串联交流电路的欧姆定律。

【**例题**】有一个$220\,\Omega$的电阻，其额定电流是0.5A，现在要把它接到220V、50Hz的交流电源上，拟用一电感线圈串联限流，使电流保持0.5A，问串联的线圈电感量L取多大？

解：先求电路的阻抗再求电感线圈的感抗

$$Z=\frac{U}{I}=220/0.5=440（\Omega）$$

再求电感线圈的感抗

$$X_L=\sqrt{Z^2-R^2}=\sqrt{440^2-220^2}\approx381（\Omega）$$

线圈的电感为

$$L=\frac{X_L}{\omega}=381/2\times3.14\times50\approx1.21（H）$$

026 交流电路的电功率

交流电路中的基本元件是电阻、电感和电容。这3种元件上的电压、电流相位关系不同，所以平均功率也不同。其中最简单的元件就是电阻元件。接在交流电路中的电阻属于耗能元件，不论通过它的电流是直流还是交流，它都会把电能转换成热能。如交流电压和电流都用有效值表示，则电阻元件上消耗的平功率为

$$P=UI=I^2R=\frac{U^2}{R}$$

在纯电感元件（忽略线圈的电阻）上，电压u在相位上超前电流i90°。在图1.44所示的电感元件电压与电流的波形图上，将每一瞬间电压与电流的瞬时值相乘，也可绘出功率P的瞬时值曲线。

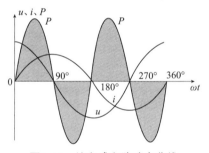

图1.44 纯电感电路功率曲线

虽然纯电感线圈并不消耗能量，可是却有一部分能量在电源和线圈之间交替往返，占有着电源的一部分功率，未能利用它做功，所以这部分功率叫无功功率，用符号Q表示，即

$$Q=UI=I^2X_L=\frac{U^2}{X_L}$$

上述在电阻上消耗的平均功率P则叫有功功率。为了和有功功率相区别，无功功率的单位用乏，用符号var表示。较大的单位是千乏（1千乏=1 000乏），用kvar表示。

纯电容元件与纯电感元件一样，也是储能元件，电容两端的电压在相位上滞后于电流90°，所以平均功率（有功功率）也等于零。电能在

电源和电容器之间交替往返，它占有的这一部分功率也是无功功率。

实际的交流电路中，可能包含着电阻、电感和电容等元件，这时，电源既要向电路提供有功功率，又要供给储能元件（电感和电容）一部分无功功率。那么，电源输出的"总功率"有多大呢？它们之间的关系是什么呢？

电源输出的"总功率"是有功功率P与无功功率Q的矢量和，我们一般称它为视在功率，用S来表示，单位为伏安，用V·A表示。它们有以下关系

$$S=UI=\sqrt{P^2+Q^2}$$
$$P=U_R I=UI\cos\varphi$$
$$Q=U_L I=UI\sin\varphi$$

以及

$$\cos\varphi=\frac{P}{S}$$

027 三相交流电

概括地说，三相交流电是3个单相交流电的组合，这3个单相交流电的最大值相等，频率相同，只是在相位上彼此相差120°。

三相交流电的产生过程与单相交流电基本相似。图1.45是三组交流发电机的示意图。发电机的定子绕组分为3组，每一组绕组称为一相，各相绕组在空间位置上彼此相差120°，对称地嵌放在定子铁芯内侧的线槽内。显然，它们的始端（A、B、C）在空间位置上也彼此相差120°，转子上装置着N、S两个磁极，当转子以角速度ω逆时针方向旋转时，由于3个相的绕组在铁芯中放置的位置彼此相隔120°，所以一旦磁极转到正对A—X绕组时，A相电动势达到最大值E_m，而B相绕组需要等转子磁极转1/3周（即120°）后，其中的电动势才达到最大值，也就是A相电动势超前B相电动势120°。同理，B相电动势超前C相电动势120°，C相电动势又超前于A相电动势120°。显然，三相电动势，它们的频率相同，最大值相等，只是初相角不同。若A相电动势的初相角为0°，则B相

为–120° ，C相为120° ，用三角函数式表示为

$$e_A = E_m \sin\omega t$$
$$e_B = E_m \sin(\omega t - 120°)$$
$$e_C = E_m \sin(\omega t + 120°)$$

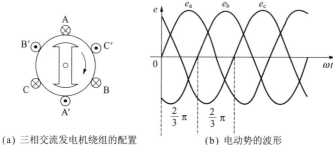

(a) 三相交流发电机绕组的配置　　　　(b) 电动势的波形

图1.45   三相交流电的产生

　　将发电机发出的三相交流电按照一定的方式组合起来，通过三相供电线路，把电能输送给负载。如果我们注意观察一下工厂的低压配电线路，就会发现三相供电线路只有4根线，其中3根线俗称"火线"（能使试电笔的氖泡发亮），另1根线俗称为"地线"（不能使试电笔的氖泡发亮）。为什么只需要4根导线就够了呢?原来在三相供电线路中，A、B、C三相绕组的末端X、Y、Z接在一起称为中性点（用N表示），以N点引出一根公共导线作为从负载流回电源的公共回线，叫中性线或零线，其余的3根线叫相线。这样的供电线路叫三相四线制供电线路，如图1.46所示。

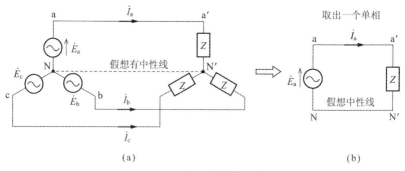

(a)　　　　　　　　　　　　　　　　　　(b)

图1.46   三相四线制供电线路

为了回答这个问题，下面我们就来分析一下中性线上的电流到底有多大。

假定3个相是对称的，各相负载完全相同，三相电流的有效值也相等，我们就能写出三相电流的三角函数表达式

$$i_A=I_m\sin\omega t$$
$$i_B=I_m\sin（\omega t-120°）$$
$$i_C=I_m\sin（\omega t+120°）$$

将3个相的电流波形画在图1.47上，任取a、b、c、d四个瞬间，不论哪个瞬间，三相电流的瞬时值之和都等于零。因此，某些三相对称负载（如三相异步电动机），可以省去中性线。

图1.48所示是三相交流发电机绕组的星形接法。我们规定，发电机每相绕组两端的电压（也就是相线与中性线间的电压）称为相电压，用U_A、U_B、U_C表示；两相始端之间的电压（也就是相线与相线之间的电压）称为线电压，用U_{AB}、U_{BC}、U_{CA}表示。线电压脚注字母的顺序表示线电压的正方向是从A线到B线，书写时不能任意颠倒，否则将在相位上相差180°。

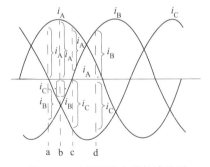

图1.47 三相对称电流的波形图

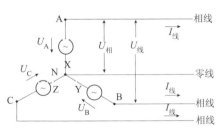

图1.48 三相发电机绕组的星形接法

第2章 电子技术基础知识

028 电阻器及其命名方法

电阻器通常简称为电阻，是一种最基本、最常用的电子元件。按其制造材料和结构的不同，电阻器可分为碳膜电阻器、金属膜电阻器、有机实心电阻器、线绕电阻器、固定抽头电阻器、可变电阻器、滑线式变阻器和片状电阻器等。按其阻值是否可以调整又分为固定电阻器和可变电阻器两种。图2.1所示为几种常用电阻器的外形。在电子制作中一般常用碳膜和金属膜电阻器。碳膜电阻器具有稳定性较高、高频特性好、负温度系数小、脉冲负荷稳定及成本低廉等特点。金属膜电阻器具有稳定性高、温度系数小、耐热性能好、噪声小、工作频率范围宽及体积小等特点。

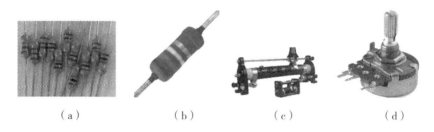

（a） （b） （c） （d）

图2.1 常用电阻器的外形

电阻器一般用"R"表示，图形符号如图2.2（a）所示。电阻器的型号命名由四部分组成，如图2.2（b）所示。第一部分用字母"R"表示电阻器的主称，第二部分用字母表示构成电阻器的材料，第三部分用数字或字母表示电阻器的分类，第四部分用数字表示序号。

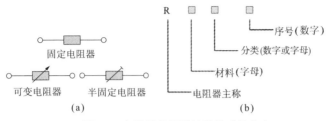

图2.2 电阻器的图形符号及型号命名

029 电容器及其命名方法

电容器通常简称为电容，也是一种最基本、最常用的电子元件。电容器的种类很多，按电容量是否可调，电容器可分为固定电容器和可变电容器两大类。固定电容器按介质材料不同，又可分为许多种类，其中无极性固定电容器有纸介电容器、涤纶电容器、云母电容器、聚苯乙烯电容器、聚酯电容器、玻璃釉电容器及瓷介电容器等；有极性固定电容器有铝电解电容器、钽电解电容器、铌电解电容器等。图2.3所示为几种常用电容器的外形。使用有极性电容器时应注意其引线有正、负极之分，在电路中，其正极引线应接在电位高的一端，负极引线应接在电位低的一端。如果极性按反了，会使漏电流增大并且容易损坏电容器。

（a）   （b）   （c）

图2.3 常用电容器的外形

电容器的应用范围很广泛，如在滤波、调谐、耦合、振荡、匹配、延迟、补偿等电路中，是必不可少的电子元件，它具有隔直流、通交流的特性。

电容器一般用"C"来表示，图形符号如图2.4（a）所示。电容器的型号命名由四部分组成，如图2.4（b）所示。第一部分用字母"C"表示电容器的主称，第二部分用字母表示电容器的介质材料，第三部分用数字或字母表示电容器的类别，第四部分用数字表示序号。

图2.4 电容器的图形符号及型号命名

030 无极性电容器的好坏及判别方法

在电子电路里经常用一些无极性电容器，它们的容量都较小，通常为1pF~2μF；耐压值最大的为2kV，最小的为63V；用万用表R×1k挡测量两个引脚，如果指针不会偏转（容量在0.1~2μF的电容器指针会有较小偏转，然后回到无穷大），说明电容器是好的，如果测出有一定电阻值或指针处于接近零的位置不动，则说明电容器已经损坏或已经击穿。

031 电解电容器的好坏及判别方法

电解电容器是有"+"、"−"极性的，用万用表则可以判别电解电容器的好坏，具体方法如下：将万用表置于欧姆R×1k挡位，用两个表笔瞬间接通两个引脚，如果指针偏转一个很大的角度（电容量越大，偏转的角度越大，对于容量小的电容器，若偏转角度太小，可以将欧姆挡位往大调，以使指针偏转能看得清楚），然后慢慢回到无穷大，则说明电容器是好的；如果指针没有回到"无穷大"位就停止了，说明电容器漏电；如果指针一直指在刚接通时的位置或指示到接近零的位置不动，则说明电容器已失去充放电作用被击穿或电容漏电短路；如果用万用表测得正反向均使万用表指针不动，则说明电容器断路，如图2.5所示。

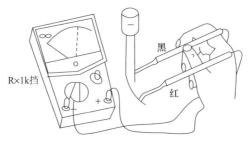

R×1k挡

黑

红

图2.5 电解电容器好坏的判别方式

032 半导体

半导体是近半个世纪发展迅速的新型电子器件。其中使用最多、最广泛的是晶体二极管与三极管，它们和电阻、电容、电感一样，是构成各种电子线路的基本元器件。

半导体绝大多数是晶体，因而把用半导体材料做成的二极管、三极管通称为晶体管，图2.6（a）所示为半导体二极管（简称二极管）的外形，图2.6（b）所示为半导体三极管（简称三极管）的外形。下面介绍半导体的几种主要特性。

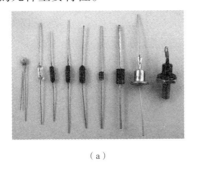

（a） （b）

图2.6 半导体的外形

（1）热敏性。外界环境温度的变化对半导体构材料的电阻有显著的影响，这就是半导体的热敏性。利用这一特性，可制成热敏电阻。热敏电阻具有对温度灵敏度高、热惰性小、体积小的优点，在生产生活中应用非常广泛。例如，将热敏电阻放进恒温箱或恒温电炉，可以监测进而控制内部温度的变化。

（2）光敏性。半导体材料受光照后，材料的电阻值随之升降，称为半导体的光敏性。光敏电阻应用也十分广泛，如机床的光电制动保护装置及各种光电自动控制系统等。

（3）力敏性。有些半导体材料承受压力时电阻会随之发生变化，利用这种力敏性可以制成各种力敏电阻来测定机械振动位移及各种力-电信号转换装置。

（4）其他敏感特性。半导体材料还有湿敏、嗅敏、味敏等许多半导体敏感特性，利用这些特性可以制成各种不同的敏感元件来监测和控制各种不同的参数。

033 PN 结及其单向导电特性

纯净的半导体导电能力很差，实际用途较少。如果有选择地加入某些其他元素（称为杂质），就可能改变它的导电能力。在掺杂质时，如果控制杂质的数量，就能控制它的导电能力。这样，就大大拓宽了半导体的应用范围。

掺杂半导体可分为N型半导体和P型半导体两种类型。P型半导体也称为空穴型半导体，这类半导体的导电作用主要靠空穴；N型半导体也称为电子型半导体，它的导电作用主要靠电子。

P型半导体和N型半导体结合在一起，在它们的交界面就形成一个具有特殊导电性能的薄层，称为PN结。PN结是晶体管中最基本的结构，是一切半导体器件的共同基础。晶体管具有许多重要的特性，关键正是由于存在PN结。

PN结的特性可以从以下实验来证明。把PN结的P区接电源正极，N区接电源负极，如图2.7所示，叫做正向偏置。这时，电流从正极流到负极，同时可以观察到正向偏置越大，从正极到负极的电流也越大。因为这个电流是由外加正向电压产生的，所以叫做正向电流。正向电流越大，意味着PN结正向导通时的电阻越小。

如果把电源极性调换一下，即P区接电源负极，N区接电源正极，叫做反向偏置。如图2.8所示，电流基本上不能流通。反向电流很小，意味着PN结在反向偏置时，电阻变得很大。

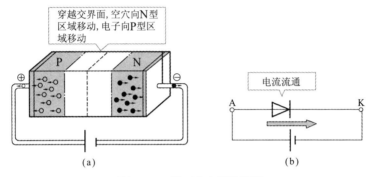

图2.7 PN结正向电压的情况

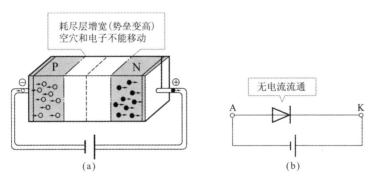

图2.8 PN结反向电压的情况

从上述现象可以看出，PN结正、反向导电特性相差很大。正向容易导电，类似电阻很小的导体；反向导电很困难，类似电阻很大的绝缘体。也就是说，PN结使电流只能从P区流向N区，不能反过来流，这就是PN结最重要的特性——单向导电性。二极管、三极管及其他各种半导体器件的工作特性都是以PN结的单向导电特性为基础的。

034 二极管的结构及其命名方法

把PN结的P区和N区各接出一条引线，再封装在管壳里，就构成一只二极管。P区引出端为正极，N区引出端为负极。二极管的符号如图2.9所示，它表示二极管具有单向导电性，箭头表示正向电流的方向。二极管外壳上一般都印有符号表示极性。

二极管的型号命名方法举例如图2.10所示。

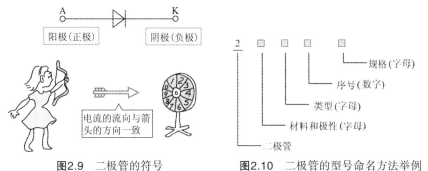

图2.9　二极管的符号　　　　图2.10　二极管的型号命名方法举例

依据用途分类，电工设备中常用的二极管有4类：

（1）普通二极管，如2AP1~2AP10、2CP1~2CP20等，用于信号检测、取样、小电流整流等。

（2）整流二极管，如ZP、2CZ等系列，广泛使用在各种设备中做不同功率的整流。

（3）开关二极管，如2AK1~2AK4等，用于控制、开关电路中。

（4）稳压二极管，如2CW、2DW等系列，用在各种稳压电源和晶闸管电路中。

035 二极管的检测及其好坏的判别方法

在使用二极管时，必须注意其极性不能接错，否则电路不仅不能正常工作，还可能烧毁二极管和其他元件。有的二极管没有任何极性标志，这时可以根据二极管的单向导电性，用万用表来简单判断管子的好坏和引脚的极性。

　　判断二极管引脚极性的方法如下：用万用表R×100挡或R×1k挡，测量二极管的正、反向电阻，如果二极管是好的，总会测得一大一小两个阻值，由于万用表的红表笔接表内电池负极，黑表笔接表内电池正极，而二极管正向偏置时，阻值较小，所以，当测得阻值较小时，黑表笔所接的是二极管的正极，红表笔所接的是二极管的负极。反过来，当测得电阻值很大时，红表笔所接是二极管的正极，而黑表笔所接是二极管的负极。

　　判断二极管好坏的方法如下：用万用表测二极管的正、反向电阻，如果正向电阻为几十到几百欧，反向电阻在200kΩ以上，可以认为二极管是好的。如果测得正、反向电阻都为无穷大，则说明管子内部断路；如果测得反向电阻很小，则说明管子内部短路；如果测得反向电阻比正向电阻大得多，则说明管子质量不佳。

　　要注意的是：实际使用万用表各挡测二极管时，获得的阻值是不同的。这是因为PN结的阻值是随外加电压而变化的。万用表测电阻时，各挡的表笔端电压一样，所以用万用表的小挡位测同一只二极管的阻值读数就不一样。例如用R×100挡测某一只2CP22，读数为正向电阻500Ω，反向300kΩ。改用R×1k挡测量，则为正向4kΩ，反向550kΩ以上。若二极管正、反向的电阻差别都大，就可以认为二极管是好的，如图2.11所示。此外，测小功率二极管（如2AP1之类）时，不宜用电流较大的R×1挡或电压较高的R×10k挡，以免烧坏二极管。

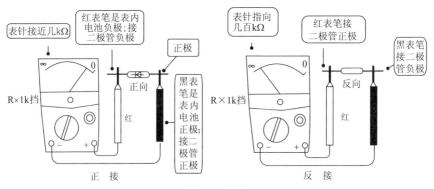

图2.11　判断二极管好坏的方法

036 三极管的结构及其命名方法

三极管有3个极，分别称为发射极（用E表示）、基极（用B表示）和集电极（用C表示）。从内部结构看，三极管由3层半导体材料构成，它具有3个区（发射区、基区和集电区）和2个PN结（发射结和集电结）。根据PN结组合方式的不同，三极管有NPN和PNP两种不同类型，其结构示意如图2.12（a）和（b）所示，符号如图2.12（c）和（d）所示，命名方法如图2.12（e）所示。

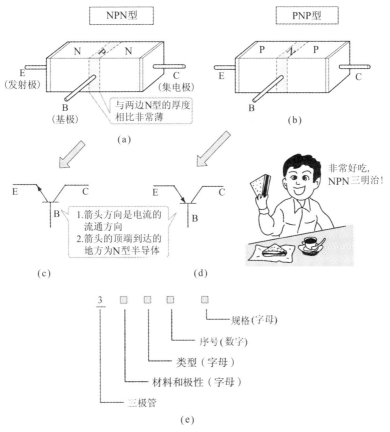

图2.12　三极管结构及命名方法

037 三极管的放大作用

三极管最基本的作用是放大。所谓放大，是指给三极管输入一个变化的微弱电信号，便能在其输出端得到一个较强的电信号。例如，对着话筒讲话，话筒将声音变成微弱的电信号，如果将这微弱的电信号直接加在喇叭上，那么喇叭放音会很微弱。如果将这微弱的电信号送入三极管组成的放大电路，通过三极管的放大作用输出较强的电信号来推动喇叭，就能发出比讲话时更大的声音，图2.13所示为三极管最基本的放大作用示意图。

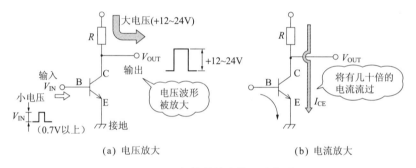

(a) 电压放大　　　　　　　　　(b) 电流放大

图2.13　三极管的放大作用示意图

为了了解三极管的电流放大作用，用图2.13所示的线路做一个实验。在三极管基极与发射极之间的PN结（发射结）加正向电压，基极与集电极之间的PN结（集电结）加反向电压，调节电位器的阻值改变基极电流的大小，便可相应地得到一组集电极电流I_C和发射极电流I_E的数值，现将测得的各组数据列于表2.1。

表2.1　三极管放大作用的实验数据

实验次数	1	2	3	4	5	6
基极电流I_B（mA）	0.01	0.02	0.03	0.04	0.05	0.06
集电极电流I_C（mA）	0.44	1.10	1.77	2.45	3.20	3.90
发射极电流I_E（mA）	0.45	1.12	1.80	2.49	3.25	3.96

038　整流电路

　　常用设备的供电有交流和直流两种方式，电灯、电动机要用交流电，而电子电路和通信设备都需要直流供电。交流电可以从供电电网直接得到，而得到直流供电最经济简便的方法就是将电网供给的交流电变换为直流电。

　　将交流电变换为直流电的过程叫做整流，进行整流的设备叫做整流器，整流器利用半导体二极管的单向导电性来将交流变换为直流，常用的整流形式有半波、全波、桥式等，如图2.14所示。

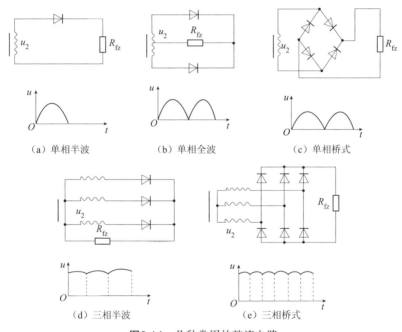

　　　（a）单相半波　　　　　　（b）单相全波　　　　　　（c）单相桥式

　　　　（d）三相半波　　　　　　　　　（e）三相桥式

图2.14　几种常用的整流电路

　　下面具体介绍单相桥式整流电路的工作原理。

　　单相桥式整流电路如图2.15（a）所示。电路中4只二极管接成电桥形式，所以称为桥式整流电路。这种电路有时画成图2.15（b）所示的形式。在输入交流电压的正半周，即A端正，B端负时，二极管VD$_2$、VD$_4$

正向导通，VD_3、VD_1反向截止，流过负载R_{fz}的电流方向为由上至下。在交流电压的负半周，A端为负、B端为正时，二极管VD_3、VD_1正向导通，VD_2、VD_4反向截止，流过负载R_{fz}的电流方向仍为由上至下。这样，在交流输入电压u_2的正、负半周，都有同一方向的电流流过R_{fz}，在负载上得到全波脉动直流电压，波形如图2.15（c）所示。

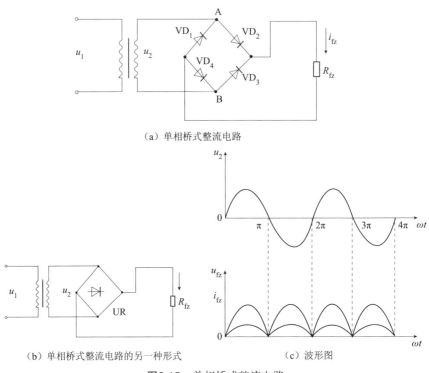

（a）单相桥式整流电路

（b）单相桥式整流电路的另一种形式　　　　（c）波形图

图2.15 单相桥式整流电路

第3章 电路图中常用的电气图形符号

039 开闭触点图形符号

主要开闭触点的图形符号见表3.1。

表3.1　主要开闭触点的图形符号

开闭触点名称		图形符号		说明
		常开触点	常闭触点	
手动操作开闭器触点	电力用触点	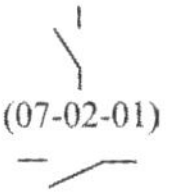 (07-02-01)	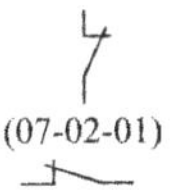 (07-02-01)	• 无论是开路或闭路，触点的操作都用手动进行
	自动复位触点	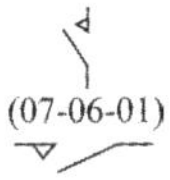 (07-06-01)	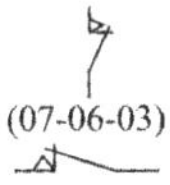 (07-06-03)	• 开路或闭路通过手动操作，手放开后由于发条力等的作用，按钮开关的触点一般都能自动复位，所以不用对自动复位特别表示 
电磁继电器触点	继电器触点	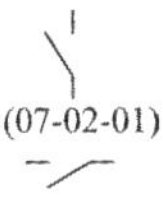 (07-02-01)	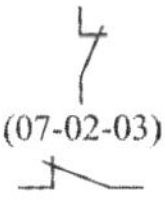 (07-02-03)	• 当电磁继电器外加电压时，常开触点闭合，常闭触点打开。去掉外加电压时回到原状态的触点。一般的电磁继电器触点都属于这一类
	残留功能触点	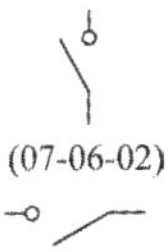 (07-06-02)		• 电磁继电器外加电压时，常开触点或常闭触点动作，但即使去掉外加电压后，机械或电磁状态仍然保持，即使用手动复位或电磁线圈中无电流也不能回到原状态的触点

续表 3.1

开闭触点名称	图形符号		说明
	常开触点	常闭触点	
延时继电器触点 / 延时动作触点	(07-05-01)	(07-05-03)	• 电磁线圈得电后，其触点延时动作
延时复位触点	(07-05-02)	(07-05-04)	• 电磁线圈断电时，其触点延时恢复

040 触点功能符号和操作机构符号

开闭触点中限定图形符号见表3.2及图3.1。

表3.2　开闭触点中限定图形符号

名称	触点功能	断路功能	隔离功能
图形符号	(07-01-01)	× (07-01-02)	— (07-01-03)
名称	负荷开闭功能	自动脱扣功能	位置开关功能
图形符号	○ (07-01-04)	■ (07-01-05)	(07-01-06)
名称	延迟动作功能	自动复位功能	非自动复位（残留）功能
图形符号	(02-12-06)　(02-12-05)	◁ (07-01-07)	○ (07-01-08)

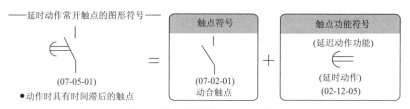

——延时动作常开触点的图形符号——

(07-05-01)
• 动作时具有时间滞后的触点

＝ 触点符号　(07-02-01) 动合触点

＋ 触点功能符号　(延迟动作功能) (延时动作) (02-12-05)

图3.1　触点符号及触点功能符号

使用触点功能符号的开闭器类图形符号如图3.2所示。

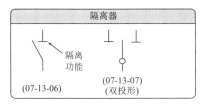
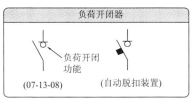
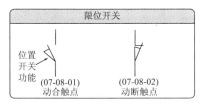
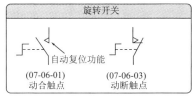
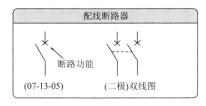
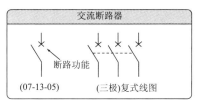
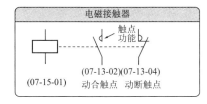
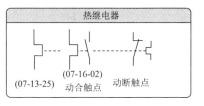
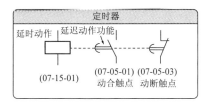
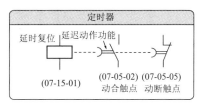

图3.2　使用触点功能符号的开闭器类图形符号

开闭触点的操作机构符号见表3.3。

表3.3 开闭触点的操作机构符号

名称	手动操作（一般）	上拉操作	旋转操作
图形符号	(02-13-01)	(02-13-03)	(02-13-04)
名称	按下操作	曲柄操作	紧急操作
图形符号	(02-13-05)	(02-13-14)	(02-13-08)
名称	手柄操作	足踏操作	杠杆操作
图形符号	(02-13-09)	(02-13-10)	(02-13-11)
名称	装配离合手柄操作	加锁操作	凸轮操作
图形符号	(02-13-12)	(02-13-13)	(02-13-16)
名称	电磁效果的操作	压缩空气操作或水压操作	电动机操作
图形符号	(02-13-23)	(02-13-21)	(02-13-26)

操作机构符号和触点符号的组合如图3.3所示。

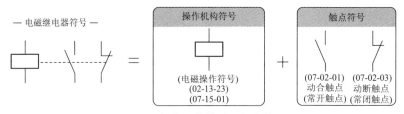

图3.3 操作机构符号和触点符号

主要操作机构符号与开闭器种类如图3.4所示。

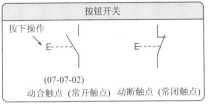

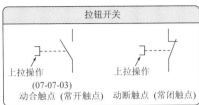

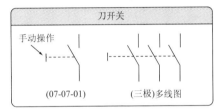

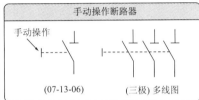

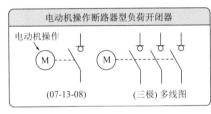

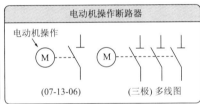

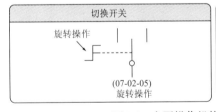

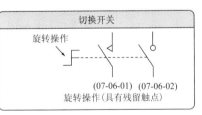

图3.4　主要操作机构符号与开闭器种类

041 电气设备图形符号

电气设备图形符号如图3.5~图3.8所示。

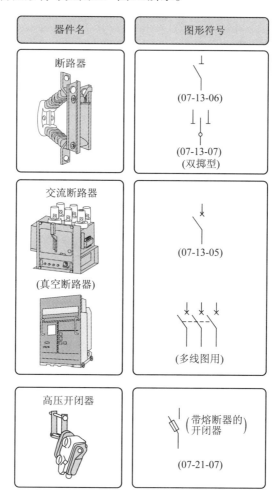

图3.5 电气设备图形符号（Ⅰ）

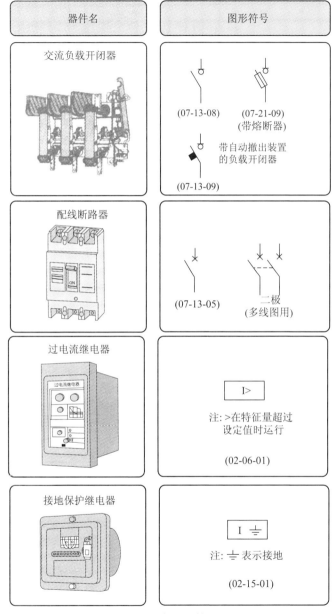

图3.6 电气设备图形符号（Ⅱ）

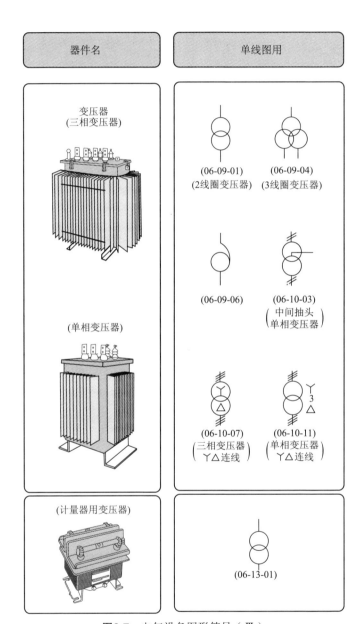

图3.7 电气设备图形符号（Ⅲ）

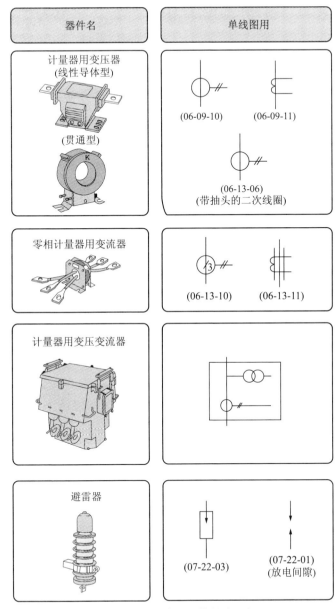

器件名	单线图用
计量器用变压器 (线性导体型) (贯通型)	(06-09-10)　(06-09-11) (06-13-06) (带抽头的二次线圈)
零相计量器用变流器	(06-13-10)　(06-13-11)
计量器用变压变流器	
避雷器	(07-22-03)　(07-22-01) (放电间隙)

图3.8 电气设备图形符号（Ⅳ）

（042） **控制设备器件图形符号**

控制设备器件图形符号如图3.9~图3.12所示。

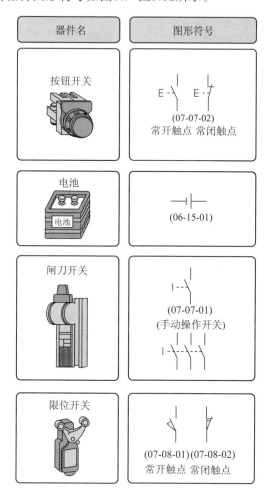

图3.9 控制设备器件图形符号（Ⅰ）

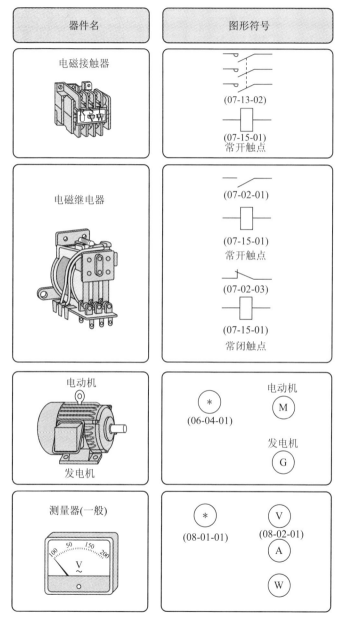

图3.10 控制设备器件图形符号（Ⅱ）

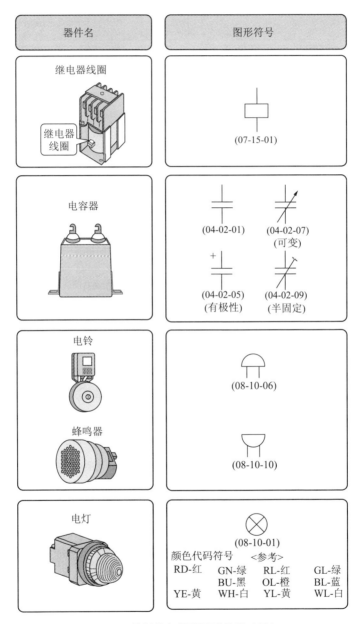

器件名	图形符号
继电器线圈	(07-15-01)
电容器	(04-02-01) (04-02-07)（可变） (04-02-05)（有极性） (04-02-09)（半固定）
电铃 蜂鸣器	(08-10-06) (08-10-10)
电灯	(08-10-01) 颜色代码符号 ＜参考＞ RD-红　GN-绿　RL-红　GL-绿 　　　　BU-黑　OL-橙　BL-蓝 YE-黄　WH-白　YL-黄　WL-白

图3.11 控制设备器件图形符号（Ⅲ）

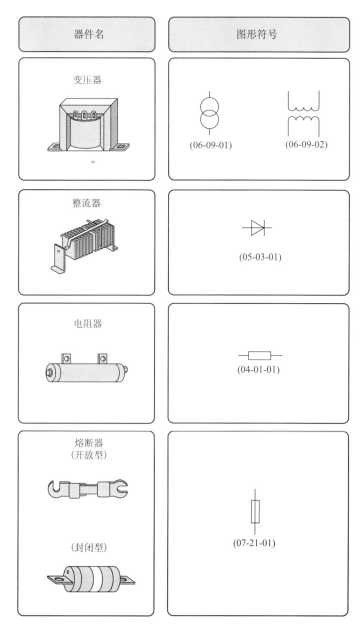

图3.12 控制设备器件图形符号（Ⅳ）

第4章 电工基本操作技能

（1）塑料硬线绝缘层的剥削。

① 如图4.1所示，电工刀以45°角斜切入塑料绝缘层，不可切入芯线。

② 如图4.2所示，切入后将电工刀与芯线保持15°角左右，向线端推削，用力要均匀，并注意不要割伤金属芯线。

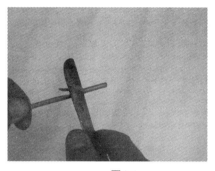

图4.1

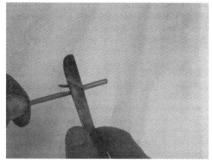

图4.2

③ 如图4.3所示，削去一部分塑料层。

④ 如图4.4所示，翻下剩下的塑料层，用电工刀齐根切去这部分塑料层。

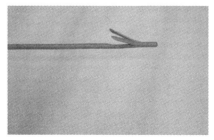

图4.3

图4.4

（2）塑料软线绝缘层的剥削。

① 如图4.5所示，用钢丝钳钳口轻切入绝缘层。

② 如图4.6所示，右手用钳子夹着导线头，向外推，剥掉绝缘层。

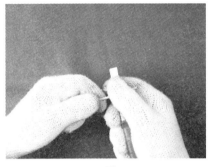
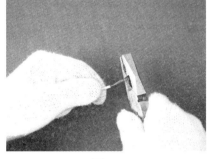

图4.5　　　　　　　　　　　　　　图4.6

（3）塑料护套线绝缘层的剥削。

① 如图4.7所示，按所需长度用电工刀刀尖划开护套层。

② 如图4.8所示，扳翻护套层，用电工刀齐根切去。

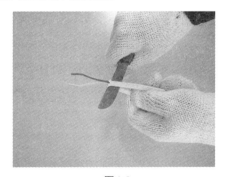

图4.7　　　　　　　　　　　　　　图4.8

③ 如图4.9所示，用电工刀按照剥削塑料硬线绝缘层的方法，分别剥除内层每根芯线的绝缘层，注意绝缘层切口与护套层切口间应留有5~10mm的距离。

④ 剥离后的效果如图4.10所示。

 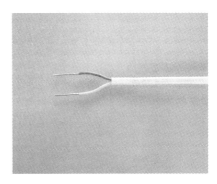

图4.9　　　　　　　　　　　图4.10

（4）橡皮线绝缘层的剥削。

① 在皮线线头的最外层用电工刀割破一圈。

② 削去一条保护层。

③ 剥割剩下的保护层。

④ 露出橡胶绝缘层。

⑤ 在距离保护层约10mm处，用电工刀以45°角切入橡胶绝缘层，并按塑料硬线的剥削方法剥去橡胶绝缘层。

（5）花线绝缘层的剥削。

① 如图4.11所示，用电工刀将花线皮剥下。

② 如图4.12所示，用钢丝钳将花线中的绝缘层剥下，注意剥线时动作要轻，切勿损伤里面的多股铜导线。

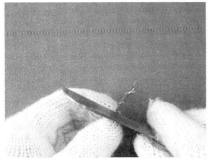 

图4.11　　　　　　　　　　　图4.12

（6）橡套软电缆绝缘层的剥削。

① 如图4.13所示，准备好要剥离的橡套软电缆。

② 如图4.14所示，用电工刀尖轻轻在外层绝缘层上划一道切口，注意不要划伤里面的皮线。

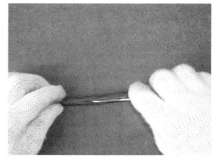

图4.13　　　　　　　　　　　　图4.14

③ 如图4.15所示，将外层绝缘层和里面的填料麻绳分开。

④ 如图4.16所示，用电工刀削掉外层绝缘层和里面的填料麻绳。

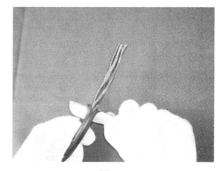

图4.15　　　　　　　　　　　　图4.16

⑤ 如图4.17所示，用剥线钳分别剥离每一根芯线的绝缘层。

⑥ 剥离完成效果如图4.18所示。

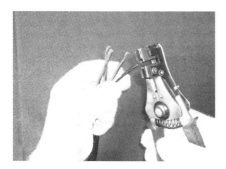

图4.17

图4.18

（7）铅包线绝缘层的剥削。

① 先用电工刀将铅包层切割一刀。

② 用双手来回扳动切口处，使铅包层沿切口折断，拉出铅包层。

③ 按塑料硬线绝缘层的剥削方法处理。

（8）漆包线绝缘层的剥削。

直径在1.0mm以上的，可用细砂纸或细砂布擦除；直径为0.6~1.0mm的，可用专用刮线刀刮去；直径在0.6mm以下的，可用细砂纸或细砂布擦除。操作时应细心，否则易造成芯线折断。有时为了保持漆包线线芯直径的准确，也可用微火（不可用大火，以免芯线变形或烧断）烤焦线头绝缘漆层，再将漆层轻轻刮去。

044　导线与导线的连接

（1）单股铜导线的直线连接。

① 如图4.19所示，用电工刀将需接线的两导线头剥好。

② 如图4.20所示，将两线端呈"X"字相交，再互相绞绕2~3圈。

图4.19 图4.20

③ 如图4.21所示，将两线头扳直，使其与导线垂直，然后分别在导线上缠绕4圈，再剪去多余的线头，并钳平切口毛刺。

④ 连接完成后的效果如图4.22所示。注意，连接后应检查接线头接触是否牢靠。

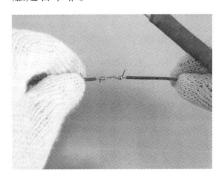

图4.21 图4.22

（2）单股铜导线的T字形连接。

① 如图4.23所示，将剥离好的支路芯线与干路芯线十字相交，交点距支路芯线根部约5mm。

② 如图4.24所示，将支路芯线在干路芯线上缠绕6~8圈。

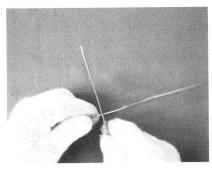

图4.23

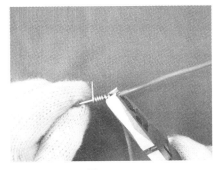

图4.24

③ 如图4.25所示，用尖嘴钳钳去多余的支路芯线，并钳平切口。

④ 连接完成后的效果如图4.26所示。

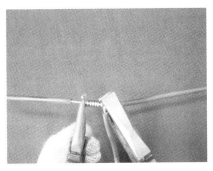

图4.25

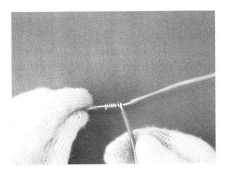

图4.26

（3）双股导线的对接。

① 如图4.27所示，将被对接的双股导线准备好。

② 如图4.28所示，双股导线同色对同色，进行"X"字交叉。

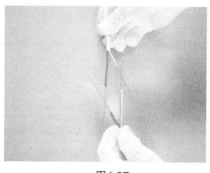

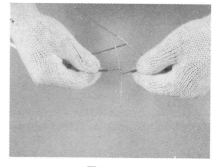

图4.27

图4.28

③ 如图4.29所示，将进行"X"字交叉后的红导线互相缠绕4圈。

④ 如图4.30所示，按上述方法进行黄导线的对接。

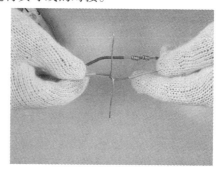

图4.29

图4.30

⑤ 如图4.31所示，两导线对接好后用钳子钳紧。

⑥ 对接完成后的效果如图4.32所示。

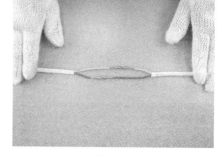

图4.31

图4.32

（4）多股导线的直线连接。

① 如图4.33所示，将剥去绝缘层的芯线头散开并拉直，再将靠近绝缘层的1/3芯线头绞紧。

② 如图4.34所示，将余下的2/3芯线头按图示分散成伞状，然后对插。

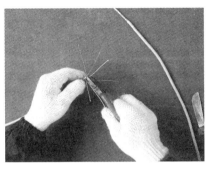

图4.33

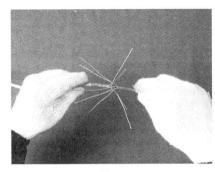

图4.34

③ 如图4.35所示，捏平插入后的所有芯线，并理直每股芯线，使每股芯线的间隔均匀；同时用钢丝钳钳紧插口处,消除空隙。

④ 如图4.36所示，将右端的一根插入芯线从插口处折起，使其与导线垂直。

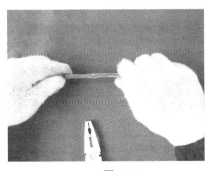

图4.35

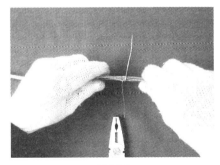

图4.36

⑤ 如图4.37所示，将折起的芯线向右缠绕导线2~3圈，然后将余下的芯线头折回，与导线平行。

⑥ 如图4.38所示，将右端的另一根芯线从紧挨前一根芯线缠绕结束

处折起，按上述步骤缠绕导线。

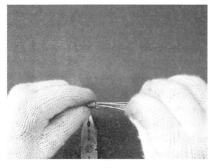
图4.37

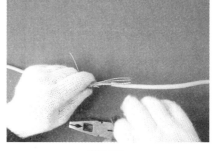
图4.38

⑦ 如图4.39所示，缠绕时用钳子拉紧缠绕芯线。

⑧ 如图4.40所示，缠绕完成后，钳断缠绕芯线的多余线头。

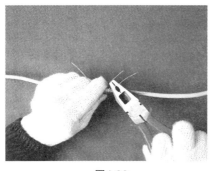
图4.39

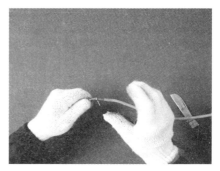
图4.40

⑨ 如图4.41所示，用钳子钳紧切口，用同样的方法处理左端的插入芯线。

⑩ 对接完成后的效果如图4.42所示。

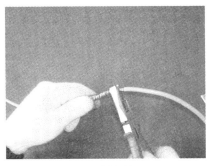

图4.41

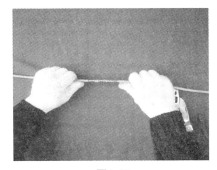

图4.42

（5）多股导线的T字形连接。

① 如图4.43所示，准备好要连接的多股导线。

② 如图4.44所示，将多股铜导线接线头剥好，用螺丝刀将干路芯线撬为均匀的两组。

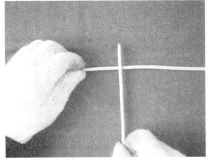

图4.43

图4.44

③ 如图4.45所示，将支路芯线散开拉直，再将靠近绝缘层的1／8芯线头绞紧，然后将1/2支路芯线从干路芯线的中间穿过。

④ 如图4.46所示，将1/2支路芯线在干路芯线的右端缠绕6~8圈。

图4.45

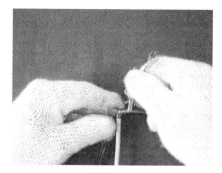

图4.46

⑤ 如图4.47所示，用钢丝钳钳断多余的芯线头。

⑥ 如图4.48所示，用钢丝钳钳平切口。

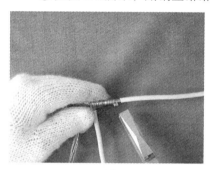

图4.47

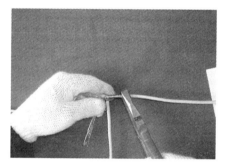

图4.48

⑦ 如图4.49所示，用同样的方法处理另外1/2支路芯线。

⑧ 连接完成后的效果如图4.50所示。

图4.49

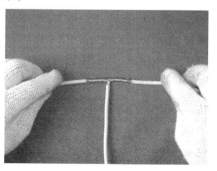

图4.50

（6）单股导线与多股导线的T字形分支连接。

① 如图4.51所示，剥掉两根导线的绝缘层，注意剥好的接线头应有足够的长度。

② 如图4.52所示，在距多股导线左端绝缘层切口3~5mm处，用螺丝刀将多股导线撬为均匀的两组。

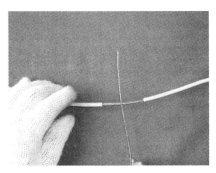

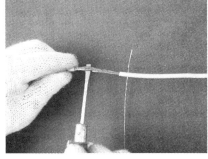

图4.51　　　　　　　　　　　　图4.52

③ 如图4.53所示，将单股导线从多股导线的中间穿入，注意两导线的交点应距单股导线绝缘层切口约3mm，然后用钢丝钳钳紧多股导线的插缝。

④ 如图4.54所示，将单股导线在多股导线上缠绕10圈，然后钳断多余线头，钳平切口，连接完毕。

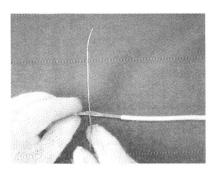

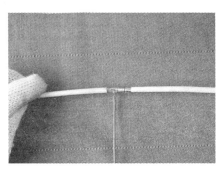

图4.53　　　　　　　　　　　　图4.54

（7）不等线径导线的连接。

① 如图4.55所示，剥掉两导线的绝缘层，注意剥好的接线头应有足够的长度。

② 如图4.56所示，将细导线接线头在粗导线接线头上缠绕5~6圈。

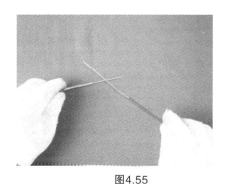　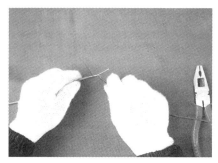

图4.55　　　　　　　　　　　图4.56

③ 如图4.57所示，弯折粗导线接线头的端部，使其压在缠绕层上，再用细导线接线头缠绕2~3圈，然后剪去多余的线头，钳平切口。

④ 连接完成后的效果如图4.58所示。

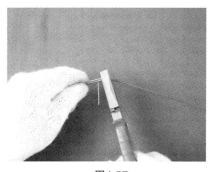　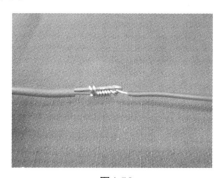

图4.57　　　　　　　　　　　图4.58

（8）软导线与单股硬导线的连接。

① 如图4.59所示，剥掉两导线的绝缘层，注意剥好的两接线线头应有足够的长度。

② 如图4.60所示，将软导线在硬导线上缠绕6~8圈，将多余的软导线接

头用断线钳钳断。

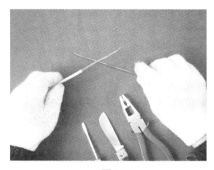

| 图4.59 | 图4.60 |

③ 如图4.61所示，将硬导线接线头向后弯曲，压紧缠绕的软导线， 以防止软导线脱落。

④ 连接完成后的效果如图4.62所示。注意，接线完成后应检查线与线之间是否接触牢靠，有无毛刺。

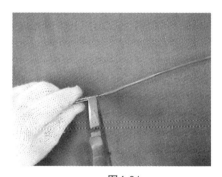

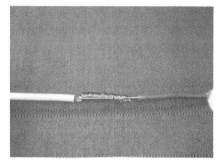

| 图4.61 | 图4.62 |

（9）铝芯导线用压接管压接。

① 接线前，先选好合适的压接管，清除线头表面和压接管内壁上的氧化层和污物，涂上中性凡士林。

② 将两根线头相对插入并穿出压接管，使两线端各自伸出压接管25~30mm。

③ 用压接钳压接。

④ 如果压接钢芯铝绞线，则应在两根芯线之间垫上一层铝质垫片。压接钳在压接管上的压坑数目，室内通常为4个，室外通常为6个。

（10）铝芯导线用沟线夹螺栓压接。

连接前，先用钢丝刷除去导线线头和沟线夹线槽内壁上的氧化层和污物，涂上凡士林锌膏粉（或中性凡士林），然后将导线卡入线槽，旋紧螺栓，使沟线夹紧紧夹住线头而完成连接。为防止螺栓松动，压紧螺栓上应套以弹簧垫圈。

045 线头与连线桩的连接

（1）单股芯线与针孔接线桩的连接。

连接时，最好按要求的长度将线头折成双股并排插入针孔，使压接螺钉顶紧在双股芯线的中间。如果线头较粗，双股芯线插不进针孔，也可将单股芯线直接插入，但芯线在插入针孔前，应朝着针孔上方稍微弯曲，以免压紧螺钉稍有松动线头就脱出。

（2）单股芯线与平压式接线桩的连接。

先将线头弯成压接圈（俗称羊眼圈），再用螺钉压紧。弯制方法如下：

① 绝缘层根部约3mm处向外侧折角。

② 按略大于螺钉直径弯曲圆弧。

③ 剪去芯线余端。

④ 修正圆圈成圆形。

（3）多股芯线与针孔接线桩的连接。

连接时，先用钢丝钳将多股芯线进一步绞紧，以保证压接螺钉顶压时不至松散。如果针孔过大，则可选一根直径大小相宜的导线作为绑扎线，在已绞紧的线头上紧紧地缠绕一层，使线头大小与针孔匹配后再进行压接。如果线头过大，插不进针孔，则可将线头散开，适量剪去中间几股，然后将线头绞紧进行压接。

（4）多股芯线与平压式接线桩的连接。

① 先弯制压接圈，将离绝缘层根部约1/2处的芯线重新绞紧。

② 绞紧部分的芯线，在离绝缘层根部1/3处向左外折角，然后弯曲圆弧。

③ 当圆弧弯曲得将成圆圈（剩下1/4）时，将余下的芯线向右外折角，然后使其成圆形，捏平余下线端，使两端芯线平行。

④ 把散开的芯线按2、2、3根分成3组，将第一组2根芯线扳起，垂直于芯线（要留出垫圈边宽）。

⑤ 按7股芯线直线对接的自缠法加工。

⑥ 成形。

（5）软线线头与针孔接线桩的连接。

① 将多股芯线作进一步绞紧，全根芯线端头不应有断股芯线露出端头而成为毛刺。

② 按针孔深度折弯芯线，使之成为双根并列状。

③ 在芯线根部将余下芯线按顺时针方向缠绕在双根并列的芯线上，排列应紧密整齐。

④ 缠绕至芯线端绕口剪去余端，钳平毛刺，然后插入接线桩针孔内，拧紧螺钉。

（6）软线线头与平压式接线桩的连接。

① 将芯线作进一步绞紧。

② 将芯线按顺时针方向围绕在接线桩的螺钉上，应注意芯线根部不可贴住螺钉，应相距3mm，围绕螺钉一圈后，余端应在芯线根部由上向下围绕一圈。

③ 将芯线余端按顺时针方向围绕在螺钉上。

④ 将芯线余端绕到芯线根部处收住，接着拧紧螺钉后扳起余端在根部切断。

（7）头攻头与针孔接线桩上的连接。

① 按针孔深度的两倍长度再加5~6mm的芯线根部富余度，剥离导线连接点的绝缘层。

② 在剥去绝缘层的芯线中间折成双根并列状态，并在两芯线根部反向折成90°转角。

③ 将双根并列的芯线端头插入针孔，拧紧螺钉。

（8）头攻头与平压式接线桩上的连接。

① 按接线桩螺钉直径约6倍长度剥离导线连接点绝缘层。

② 以剥去绝缘层芯线的中点为基准，按螺钉规格弯曲成压接圈后，用钢丝钳紧夹住压接圈根部，把两根部芯线互绞一转，使压接圈呈图形。

③ 将压接圈套入螺钉后拧紧。

（9）线头与瓦形接线桩的连接。

① 将已去除氧化层和污物的线头弯成U形。

② 将其卡入瓦形接线桩内进行压接。如果需要把两个线头接入一个瓦形接线桩内，则应使两个弯成U形的线头重合，然后将其卡入瓦形垫圈下方进行压接。

046 导线的封端

（1）铜导线用锡焊封端。

① 剥掉铜导线端部的绝缘层，除去芯线表面和铜接线端子内壁的氧化膜，涂以无酸焊锡膏。

② 用一根粗铁丝系住铜接线端子，使插线孔口朝上并放到火上加热。

③ 将锡条插在铜接线端子的插线孔内，使锡受热后熔解在插线孔内。

④ 将芯线的端部插入接线端子的插线孔内，上下插拉几次后将芯线插到孔底。

⑤ 平稳而缓慢地把粗铁丝和接线端子浸到冷水中，使液态锡凝固，芯线焊牢。

⑥ 用锉刀将铜接线端子表面的焊锡除去，用砂布打光后包上绝缘带，即可与电器接线桩连接。

（2）铜导线用压接法封端。

① 将剥去绝缘层并涂有石英粉–凡士林油膏的芯线插入内壁也涂有石英粉–凡士林油膏的铜接线端子孔内。

② 用压接钳进行压接，在铜接线端子的正面压两个坑，先压外坑，再压内坑，两个坑要在一条直线上。

③ 从导线绝缘层到铜接线端子根部包上绝缘带。

（3）铝导线用压接法封端。

① 根据铝芯线的截面选用合适的铝接线端子，然后剥去芯线端部绝缘层。

② 刷去铝芯线表面氧化层并涂上石英粉-凡士林油膏。

③ 刷去铝接线端子内壁氧化层并涂上石英粉-凡士林油膏。

④ 将铝芯线插到孔底。

⑤ 用压接钳在铝接线端子正面压两个坑，先压靠近接线孔处的第一个坑，再压第二个坑。

⑥ 在剥去绝缘层的铝芯导线和铝接线端子根部包上绝缘带，并刷去铝接线端子表面的氧化层。

047 导线绝缘层的恢复

（1）导线直线连接处绝缘层的恢复。

① 如图4.63所示，将塑料绝缘带从导线左边完整的绝缘层上开始包缠。

② 如图4.64所示，包缠两根带宽后方可进入连接芯线部分。

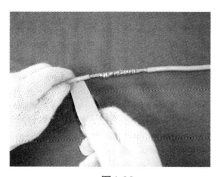 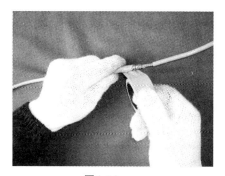

图4.63　　　　　　　　　　图4.64

③ 如图4.65所示，包至连接芯线的另一端时，需继续包缠至完整绝缘层上两根带宽的距离。

④ 如图4.66所示，包缠完成后，用电工刀切断塑料绝缘带。

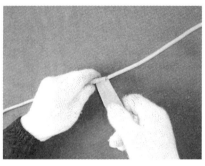

图4.65　　　　　　　　　　　图4.66

⑤ 如图4.67所示，在塑料绝缘带的尾端接上绝缘黑胶带。

⑥ 如图4.68所示，将绝缘黑胶带从右往左包缠。包缠时，黑胶带与导线应保持55°倾斜角，其重叠部分约为带宽的1/2。

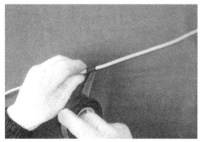
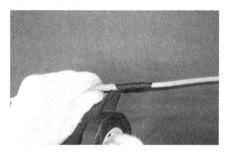

图4.67　　　　　　　　　　　图4.68

⑦ 如图4.69所示，包缠完成后，用手撕断绝缘黑胶带。

⑧ 绝缘层恢复后的效果如图4.70所示。

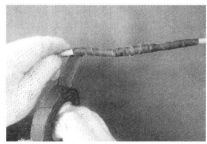

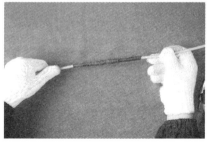

图4.69　　　　　　　　　　　图4.70

（2）导线T字形连接处绝缘层的恢复。

① 用黄蜡带（或塑料绝缘带）从左端起开始包。

② 包至分支线处，用左手拇指顶住左侧直角处包上的带面，使它紧贴转角处芯线，并使处于干线顶部的带面尽量向右侧斜压。

③ 当围绕到右侧转角处时，用左手食指顶住右侧直角处带面，并使带面在干线顶部向左侧剁压，与被压在下边的带面呈"×"状交叉，然后再回绕到右侧转角处。

④ 带沿紧贴住支线连接处根端，开始在支线上包缠，包缠至完好绝缘层上约两根带宽时，原带折回再包缠至支线连接处根端，并向干线左侧斜压（不宜倾斜太多）。

⑤ 当带围过干线顶部后，紧贴干线右侧的支线连接处开始在干线右侧芯线上进行包缠。

⑥ 包缠至干线另一端的完好绝缘层上后，接上黑胶带，按上述步骤②~⑤包缠黑胶带。

(048) 电气设备固定件的埋设

（1）木榫的安装。

通常用干燥的松木制作木榫。砖墙上用的木榫制成矩形，水泥墙上的木榫制成正八边形。安装木榫时，先将其头部插入木桦孔，用于锤轻轻敲几下，待木榫进入孔内1/3处，检查它与墙面是否垂直。如果不垂直，则校正垂直后，再进行敲打，一直打到与墙面齐平为止。敲榫时应把锤击在榫尾中间，不可击在边沿上，以免敲坏榫体。木榫在墙孔内的松紧度应合适。

（2）膨胀螺栓的安装。

安装胀开外壳式膨胀螺栓时，先将压紧螺母放入外壳内，然后将外壳嵌进墙孔，用手锤轻轻敲打，使其外缘与墙面齐平，再将螺钉拧入压紧螺母，螺栓和螺母会在拧紧的过程中胀开外壳的接触片，使它挤压在孔壁上。安装纤维填料式膨胀螺栓时，将套筒嵌进钻好的墙孔中，再把螺钉拧到纤维填料中，即可胀紧膨胀螺栓的套筒。

（3）户内外穿墙导线保护管的安装。

保护管孔位高低和位置应尽可能与线路保持一致，但离平顶至少不小于50mm。两侧管口一般各应伸出建筑面5~10mm，不可陷入建筑面内，也不应伸出过多（不应大于10mm）。

（4）角钢支架的埋设。

埋设支架前，应将埋入建筑物内的部分先锯口扳岔，扳岔方向由角钢支架受力方向决定。

（5）开脚螺栓的埋设。

开脚螺栓的埋设应尽量在砖缝处凿孔，孔口凿成狭长形，长度略大于螺栓开脚的宽度。放入开脚螺栓后在孔内旋转90°，根据受力方向，在支承点用石子压紧，并注入水泥砂浆。

（6）拉线耳的埋设。

其开孔形状和埋设方法与开脚螺栓的相同。

（7）轻型吊钩的埋设。

① 用 ϕ4mm镀锌铁丝弯制吊钩。注意钩环外径不应太大，一般应在 ϕ15mm以内。

② 在灯具悬吊位置找出空心楼板的内孔中心部位，然后凿打吊钩孔。

③ 将钩柄向一边钩攀折去，然后插入孔内。

④ 当钩攀完全入孔后，拉动钩柄朝反向移动。

⑤ 移至钩柄垂直时即可。

（8）中型吊钩的埋设。

① 用 ϕ8mm圆钢弯制吊钩。注意钩环外径不宜超过20mm。

② 在平顶悬挂位置找出空心楼板的内孔中心部位，然后凿打吊钩孔。

③ 把钩攀插入孔内，然后装上吊钩，并应使钩环处于钩攀的中心部位；然后在钩柄的空隙中楔打木榫，固定钩柄，以防钩柄因摇晃而移位。

（9）重型吊钩的埋设。

① 用 ϕ10mm 或 ϕ12mm圆钢制作吊钩；用40mm×4mm或

30mm×4mm扁钢制作压板。

② 先在楼板的悬挂位置凿打吊钩孔，并在楼上地坪位置按压板尺寸凿去孔口周围地坪混凝土。

③ 在钩柄上装入螺母和下压板后穿过楼板，再装入上压板和螺母，并拧紧，然后敲弯钩柄余端，最后用1∶2水泥砂浆补平地坪。

(049) 导线在绝缘子上的固定

（1）裸铝绞线绑扎保护层。

导线在绝缘子上固定一般采用绑线缠绕法。绑线应与被绑导线的材料相同。绑线质地要软，易于弯曲，但是裸铝绞线质地较软，而绑线往往较硬，且绑扎时用力较大。为了不损伤导线，裸铝绞线绑扎前，要进行保护处理，方法是：用铝带将导线包缠两层，包缠长度以两端各伸出绑扎处20mm为宜。如果绝缘子绑扎长度为120mm，则保护层总长度应为160mm。包缠铝带规格一般为宽10mm，厚1mm。包缠时铝带应排列整齐、紧密、平服，前后圈之间不可压叠。

（2）导线在低压绝缘子直线支持点上的绑扎。

① 将导线紧贴在绝缘子嵌线槽内，扎线一端留出足够在嵌线槽中绕一圈和在导线上绕10圈的长度，并使扎线与导线成"X"状相交。

② 将盘成圈状的扎线从导线右下方经嵌线槽背后缠至导线左下方，并压住原扎线和导线，然后绕至导线右边，再从导线右上方围绕至导线左下方。

③ 从贴近绝缘子处开始，把两端扎线紧缠在导线上，缠满10圈后剪去余端。

（3）导线在低压绝缘子始端和终端支持点上的绑扎。

① 将导线末端在绝缘子嵌线槽内围绕一圈。

② 将扎线短端嵌入两导线末端并合处的凹缝中。

③ 用扎线长端在贴近绝缘子处按顺时针方向将两导线紧紧地缠扎在一起。

④ 缠到100mm长以后，与扎线短端用钢丝钳绞紧，然后剪去余端，并使它紧贴在两导线的夹缝中。

（4）导线在针式绝缘子颈部的绑扎。

① 将扎线短端在贴近绝缘子处的导线向右边缠绕3圈，再与扎线长端互绞6圈，并把导线嵌入针式绝缘子颈部的嵌线槽内。

② 一手把导线扳紧在嵌线槽中，另一手将扎线长端从绝缘子背后紧紧地围绕到导线左下方。

③ 从导线的左下方围绕到导线的右上方，绕绝缘子1圈。

④ 从导线左上方，绕到导线右下方，使扎线在导线上形成"X"状。

⑤ 将扎线长端贴近绝缘子紧缠导线3圈。

⑥ 与扎线短端紧绞6圈，剪去余端。

（5）导线在针式绝缘子顶部的绑扎。

① 将导线嵌入绝缘子顶部的嵌线槽内，将扎线在导线右边近绝缘子处绕3圈。

② 将扎线长端按顺时针方向从绝缘子颈槽中绕到导线左边内侧。

③ 在贴近绝缘子处导线上缠绕3圈。

④ 按顺时针方向从绝缘子颈槽绕到导线右边外侧，再在原3圈外侧导线上缠绕3圈。

⑤ 回到导线左边，重复上述步骤。

⑥ 将扎线在顶槽两侧围绕导线扎成"X"状，压住顶槽导线。最后扎线在绝缘子颈圈处与短端相接，互绞6圈后剪去余端。

（6）导线在蝶式绝缘子上的绑扎。

① 如图4.71所示，将导线放在绝缘子槽内。

② 如图4.72所示，将绑扎线套在导线与绝缘子上。

| 图4.71 | 图4.72 |

③ 如图4.73所示，将绑扎线交叉。

④ 如图4.74所示，绑扎线与导线成"X"状交叉。

| 图4.73 | 图4.74 |

⑤ 如图4.75所示，绑扎线回头后缠绕在导线上。

⑥ 如图4.76所示，将绑扎线在绝缘子右边的导线上缠绕10圈。

| 图4.75 | 图4.76 |

⑦ 如图4.77所示，缠绕时拉紧绑扎线。

⑧ 如图4.78所示，将绑扎线在绝缘子左边的导线上缠绕8圈。

图4.77　　　　　　　　　　　　图4.78

⑨ 如图4.79所示，缠绕完成后用钢丝钳进行拉紧整形。

⑩ 如图4.80所示，剪去多余的绑扎线头。

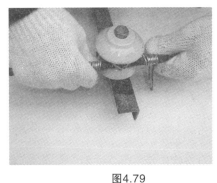

图4.79　　　　　　　　　　　　图4.80

⑪ 如图4.81所示，用钢丝钳将两线头绞在一起。

⑫ 绑扎完成后的效果如图4.82所示。

图4.81 图4.82

（7）终端导线在蝶式绝缘子上的绑扎。

① 如图4.83所示，将绑扎线和导线一起套在蝶式绝缘子上，用绑扎线在导线上缠绕。

② 如图4.84所示，操作时用钢丝钳拉紧绑扎线，使其排列整齐。

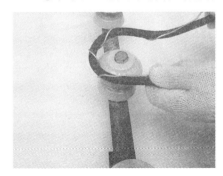 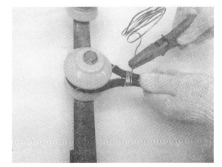

图4.83 图4.84

③ 如图4.85所示，注意操作时两导线也应排列整齐。

④ 如图4.86所示，将绑扎线在导线上缠绕一段距离后，在左边单根导线上缠绕6~8圈。

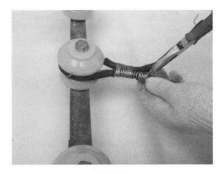

图4.85 图4.86

⑤ 如图4.87所示，将两绑扎线头用钢丝钳绞在一起，剪去多余的线头，并将右边导线的终端绑扎固定在左边导线上。

⑥ 如图4.88所示，也可将右边导线的终端卷起来。

图4.87 图4.88

（8）导线在耐张杆和终端杆的悬式绝缘子上用耐张线夹固定。

① 用紧线器收紧导线，使弛度比要求的弛度稍小些。

② 将铝导线的缠绕部分用铝带包缠。

③ 卸下耐张线夹的全部U形螺栓，将导线放入线夹的线槽内，使导线包缠部分紧贴线槽；然后装上压板和U形螺栓，先将全部螺母初步紧固一遍，待检查无误后再按顺序分次拧紧螺母，使其受力均匀，不歪不碰。

④ 扎线在绝缘子颈槽内应顺序排开，不得互相压在一起。

050 电工常用绳扣

（1）腰绳扣。

腰绳扣用于高空作业时拴腰绳。用绳索紧线时，绳索与导线的连接也使用这种扣。

（2）直扣和活扣。

直扣和活扣都用于临时将麻绳的两端结在一起，而活扣则更多地用于需要迅速解开的场合。

（3）抬扣。

抬扣又称扛物扣，多用于抬运重物（如电秆等）。这种扣便于调整和解开。

（4）吊物扣。

进行高空作业时，用绳索吊取工具、瓷瓶和其他器物都使用这种扣。

（5）倒背扣。

倒背扣多用于拖拉或起吊较重且较长的物体，可以防止物体转动。

（6）钢丝绳扣。

此扣用来将钢丝绳固定在某个物体上。

（7）钢丝绳与钢丝绳套的连接扣。

连接钢丝绳多用此扣。

（8）紧线扣。

紧线时连接导线的牵引绳多用此扣，也可用腰绳系扣。

（9）猪蹄扣。

在传递物体和抱杆项部等处绑绳时多用此扣。

（10）倒扣。

临时拉线往地锚上固定时多用此扣。

（11）拴马扣。

此扣用于绑扎临时拉绳。

（12）瓶扣。

此扣用来吊物体用，物体吊起后可以不挫动，而且扣较结实可靠，吊瓷套管时多用此扣。

（13）水手通常扣。

此扣用于绳端打结，自紧式，容易解开。

（14）终端搭回扣。

此扣用于较重的荷重，自紧式，容易解开。

（15）牛鼻扣。

此扣不能自紧，容易解开。

（16）双扣。

此扣的扣结方法简单，用于轻荷重，属于自紧式，容易解开。

（17）死扣。

此扣用于麻绳或钢丝绳起吊荷重。

（18）木匠扣。

此扣用于较小的荷重，容易解开。

（19）吊钩吊物扣。

此扣用于起重机或滑轮吊物。

（20）吊钩牵物扣。

此扣用于滑轮或卷扬机牵拉物体。

（21）双梯扣。

此扣用于木抱杆结绑线。

（22）搭绳扣。

此扣用于麻绳索和棕绳的搭接。

（23）缩绳索扣。

此扣用于麻绳、棕绳中部临时缩短。

（24）"8"字扣。

此扣用于麻绳提升小荷重。

第 **5** 章　常用电路图的识读

051　开闭触点图形符号

电工识图的基本要求包括以下几个方面：

① 结合电工基础理论了解电路图中各电气元件的基本工作原理、主要结构、动作性能以及各设备之间的关系。

② 在各类电工图纸中，原理图是绘制其他图纸的依据，可以对照原理图来识读其他图纸。

③ 可参照电气设备文字符号表、常用一次电气设备和二次电气设备图形符号表、回路标号规定和辅助文字符号表，掌握电路图中各文字符号和图形符号所代表的意义进行识读，并应熟记那些常用的图形和文字符号。对图纸中特殊标注的文字和图形符号，可查阅有关电工手册，理解其相应含义。

④ 分清主电路和辅助电路。一般情况下，先看主电路，后看辅助电路。了解主电路中用电设备是怎样引入和取得电源的，经过哪些设备和元件部件而达到负载的；看辅助电路分清是交流回路还是直流回路，是控制回路、保护回路、信号回路还是测量回路。识图时，对控制回路、保护回路和信号回路等各个回路中各元件、线圈接点等的动作顺序通常遵循自上而下和自左至右的原则。要注意动作元件的接点常常接在其他各条回路中。

⑤ 电工图纸中对各开关设备元器件的触点、接点等所表示的状态都是对应于正常运行状态或各开关设备及元器件不带电的状态下画出的。如某继电器的动合或动断触点系指该继电器线圈不带电时打开或闭合的触点。

⑥ 一个完整的甚至复杂的电工图纸，实质上都是由一些典型和常用

电路按一定规律结合而成，为此可结合典型和实用电路进行对比分析。

052 电路图实例

（1）信号的传输和图形符号的配置。

如图5.1所示，图形符号的配置是根据信号的流动、电流的流动等动作的顺序从左到右展开的。一般情况下，（+）侧的导线画在电路图的上侧，（-）侧的导线画在电路图的下侧。

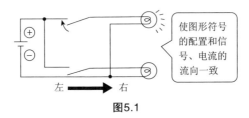

图5.1

（2）导线的交叉和接地的表示方法。

如图5.2所示，电路图中导线交叉时是否连接是用小黑点的有无来区别的。接地的表示方法则如图5.2中右端所示。

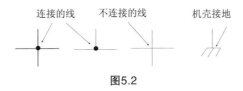

图5.2

（3）地线的使用。

图5.3示出了图5.1所示电路结构共用地线的情况。为了简化电路表示，经常使用这种方法。

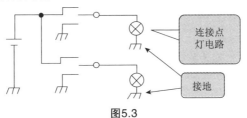

图5.3

（4）包含集成电路（IC）的电路。

图5.4是利用IC（74LS00）的LED点灯电路。在这样使用IC的情况下，根据该IC的引脚配置连接电路，如图5.5所示。IC的1号引脚有IC接入标记，如图5.6所示。

图5.4 包含IC的电路图

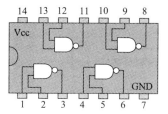

图5.5 74LS00的引脚配置

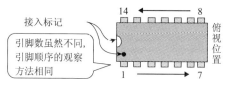

图5.6 IC的1号引脚的看法

（5）电路图和实物布线图。

图5.7所示是使用继电器控制交流100V灯泡的简单的点灯电路。图5.8为图5.7的实物布线图，相互对照即可以清楚地理解图形符号的画法及表示方法。通过控制流经继电器的电流的通（ON）、断（OFF），就可以控制流过灯泡的电流。

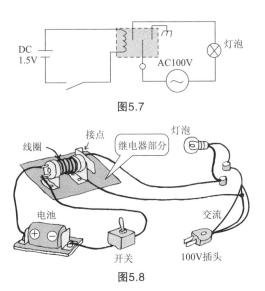

图5.7

图5.8

053 电路原理图的识读

（1）了解整机电路的功能和作用。

一个电气设备的整机电路原理图，可以反映出整个设备的电路结构、各单元电路的具体形式和相互之间的联系，它既表达了整机电路的工作原理，又给出了电路中各元器件的具体参数（包括型号和标称值等），以及与识图有关的有用信息（包括各开关、接插件的连接状态等）。

有的整机电路原理图中，还给出了晶体管、集成电路等主要器件的引脚直流电压及电路关键点的直流电压、信号波形，为检修与测试电路提供了方便。

因此，了解了整机电路的整体功能、作用和主要技术指标，即可对该电路图有大概的了解。

（2）了解整机电路的基本结构组成。

对整机电路有了大概的了解后，还要分析整机电路的基本结构，找出整机电路的信号流向，熟悉整机电路的直流供电通路。

① 画出电路方框图。根据整机的电路结构，以主要元器件为核心，

将整机电路划分出若干个单元功能模块，然后根据各单元电路部分功能，结合信号信号处理流程方向，画出整机电路方框图。

② 判断出信号处理流程方向。分析整机电路原理图的信号处理时，要先找出整机电路的总输入端和总输出端，这样可以快速判断出电路图的信号处理流程方向。

信号的总输入端通常是信号的获取电路或取样电路、产生电路，总输出端是电路的终端输出电路或控制执行电路，从总输入端到总输出端之间的通路方向，即为信号处理流程方向。总输入端到总输出端之间的这部分电路是信号放大或电压变换、频率变换等电路。一般情况下，整机电路中信号的传输方向是从左侧至右侧。

③ 分析直流供电。电源电路是整机电路中各单元电路的共用部分，几乎所有的电子产品都离不开电源电路（该电路通常设置在整机电路原理图的右下方）。分析主电源电路时，应从电源输入端开始；分析各单元电路的直流供电时，可先找到电源电路输出端的电源线和接地线，然后顺着电源线的走向进行逐级分析。

（3）了解单元电路的类型、功能及特点。

① 了解单元电路的类型和功能。识读单元电路时，首先应了解单元电路的类型和功能，分析该单元电路是模拟电路、数字电路，还是电源电路。

若单元电路是模拟电路，则应分析是属于放大电路、振荡电路、调制电路，解调电路及有源滤波电路中的哪一种类型。例如，放大电路是交流放大电路、直流放大电路，还是功率放大电路。若是交流放大电路，还应区分单级放大电路、多级放大电路、调谐放大电路，还是反馈放大电路。若是反馈放大电路，还应分清是正反馈电路，还是负反馈电路。若是负反馈放大电路，再进一步区分出是电流串联负反馈电路、电流并联负反馈电路、电压串联负反馈电路、电压并联负反馈电路和电压电流复合负反馈电路中的哪种类型。

若单元电路是数字电路，则应分析是属于门电路、触发器电路、译码器电路、计数器电路及脉冲电路中的哪一种类型。

若单元电路是电源电路，则应分析是一般电源电路，还是开关电源电路。若是一般电源电路，还应分析其降压电路是变压器降压电路，还是电容降压电路；整流电路是半波整流电路，还是全波整流电路；滤波电路是电容滤波电路，还是电感滤波电路；稳压电路是并联稳压电路，还是串联稳压电路。

② 了解单元电路的特点。识读单元电路时，应了解单元电路的特点，弄清单元电路输入信号与输出信号之间的关系，信号在该单元电路中如何从输入端传输到输出端，以及信号在此传输过程中受到了怎样的处理（放大、衰减，还是控制）。

例如，一般放大电路通常具有一个输入端和一个输出端（差动放大电路有两个输入端），输入端与输出端之间是晶体管或运算放大集成电路等器件。晶体管放大电路的输入端在基极，输出端在集电极（射极跟随放大器的输出端在发射极）。

放大电路的主要作用是对信号进行不失真放大，其输出信号的幅度是输入信号的若干倍，但其他特征不变。同相放大电路（也称正相放大电路）的输入端信号与输出端信号相位相同，反相放大电路的输入端信号与输出端信号相位相反。

应该注意的是：用来讲解电路工作原理的单元电路，与实际的单元电路有一定差别。它通常采用习惯画法，各元器件之间采用最短的连线，各元器件排列紧凑且有规律；而实际的单元电路中，有的个别元件画的与该单元电路较远。

③ 了解主要元器件的作用。要了解该单元电路中各元器件的特性及主要作用，并能分析出各元器件在出现开路、短路或性能变差后，对整个电路和单元电路的直流工作点有什么不良影响，单元电路的输出信号会发生什么样的变化，是导致信号消失，还是信号变差了。

④ 掌握电路的等效分析方法。分析电路的交流状态时，可使用交流等效电路分析方法，将交流回路中的信号耦合电容器和旁路电容器视为

短路，先画出交流等效电路，再分析电路在有信号输入时，电路中各环节的电压和电流是否按输入信号的规律变化，电路是处于放大、振荡状态，还是处于整形、限幅、鉴相等状态，分析电路的直流状态时，应使用直流等效电路分析方法，将电容器视为开路，将电感器视为短路，画出直流等效电路后，再分析电路的直流电源通路及级间耦合方式，弄清楚晶体管的偏置特性、静态工作点及所处工作状态。例如，晶体管是处于放大状态、饱和状态，还是截止状态；二极管是处于导通状态，还是截止状态。

分析由电阻器、电容器、电感器及二极管组成的峰值检波电路、耦合电路，积分电路、微分电路及退耦电路时，应使用时间常数分析法。

分析各种滤波、陷波、谐振、选频等电路时，可使用频率特性分析法，粗略地估算一下电路的中心频率，看电路本身所具有的频率是否与期望处理信号的频谱相适应。

⑤ 集成电路应用电路的识读。识读由集成电路组成的单元电路时，应先了解一下该集成电路的性能参数、内电路框图及各引脚功能，这些资料可查阅集成电路的应用手册。

054 印制板图的识读

（1）了解印制板图的特点。

印制板图是用印制铜箔线路来表示各元器件之间的连线，不像电路原理图中是用实线线条来表示各元器件之间的连线，铜箔线路和元器件的排列、分布也不像电路原理图那么有规律。

印制板图反映的是设备印制线路板上线路布线的实际情况，通过印制板图可方便地在印制线路板上找到电原理图中某个元器件的具体位置。

尽管元器件的分布与排列无规律可言，但同一个单元电路中的元器件却是相对集中在一起的。印制板图上大面积的铜箔线路是整机电路的公共接地部分，一些大功率元器件的散热器通常与公共接地部分相连。

（2）以元器件的外形特征为线索。

在识读印制板图时，应根据电路中主要元器件的外形特征快速找到该单元电路及这些元器件。不容易查找的电阻器和电容器，可先对照电原理图上标注的型号找到与其连接的晶体管、集成电路等器件，熟悉相关的连接线路，再通过这些外形特征较明显的器件来间接找到阻容元件。有的电子产品在印制板的元器件安装面上直接标注出元器件的文字符号（元器件代号），只要将电路原理图上标注的元器件符号与印制板上的符号进行对照，即可查找出器件的位置。

055 电路图的组成

电路是指电流流经的路径，也指用来构成电流流通路径的各种装置的总体，其作用是实现电能的转换和输送。

电路图是用来表示电路的组成和电路中各元器件之间相互连接的关系，它能帮助我们了解电路的结构和工作原理，是电路分析、试验制作与维修装配的重要依据。

一个简单的完整电路通常是由电源、负载、连接导线及开关等组成的闭合电路，较复杂的电路则是由若干个电子元器件按一定的规律组合连接而成的。

056 电路图的类型

电路图包括电路接线图、电路原理图、方框图、印制板图和实物布线图。

（1）电路接线图。

电路接线图是将各元器件的实物图或将简化轮廓（能表现这些元器件结构特性的简化图形）用导线连接在一起组成的电路图（图5.9）。它用来表示产品的整件、部件内部接线情况及元器件之间的实际配线情况，通常是按照设备中各元器件和接线位置的相对位置绘制的。看起来直观易懂。

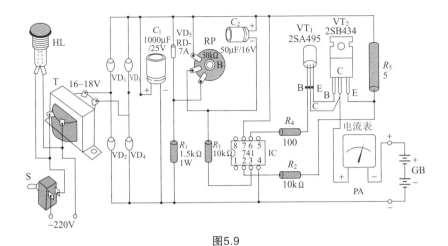

图5.9

（2）电路原理图。

电路原理图是用来说明电子产品中各元器件或单元用电的工作原理及连接关系的电路图（图5.10）。

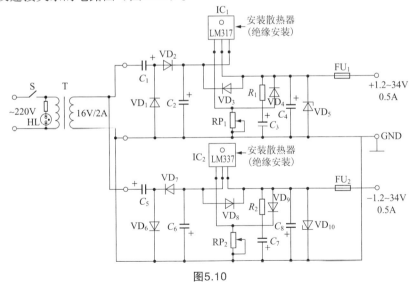

图5.10

其特点是采用一些规定的元器件电路图形符号来代替电路中的实物，以实线表示电性能的连接，按电路的原理进行绘制的。

通过电路原理图，分析电路中电流及信号的来龙去脉，即可了解电路图对应设备的工作原理。

（3）方框图。

方框图简称框图，是把一个完整电路或整机电路划分成若干部分，各个部分用带有文字或符号说明的方框表示，再将各方框之间用线条连接起来。图5.11是图5.10的方框图。

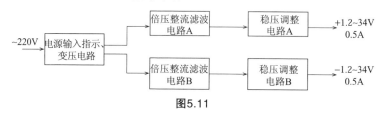

图5.11

方框图反映的是某一设备的电气线路是由哪几部分组成的，只能说明各部分之间的相互关系及大致工作原理。

（4）印制板图。

印制板图也称印制线路板图，是专门为元器件装配与设备修理服务的电路图，它分为印制线路图和实物布线图两种。

印制线路图是元器件安装敷铜板的印制铜箔线路图。有的印制线路图上用电路图形符号表示各元器件在印制线路板上的分布情况和具体位置，给出了各元器件引脚之间连线的走向及元器件的引脚焊接孔位置，起到电原理图与设备上实际印制线路板之间的沟通作用。

图5.12是图5.10的印制铜箔线路图。

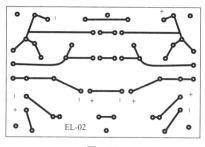

图5.12

　　实物布线图也称结构安装图，它用元器件图形符号或元器件外形图表示了电路原理图中各元器件在印制线路板上的分布情况和具体位置，反映出各元器件在印制板上的实际位置，给出实际配线和结构。图5.13是图5.10的实物布线图。

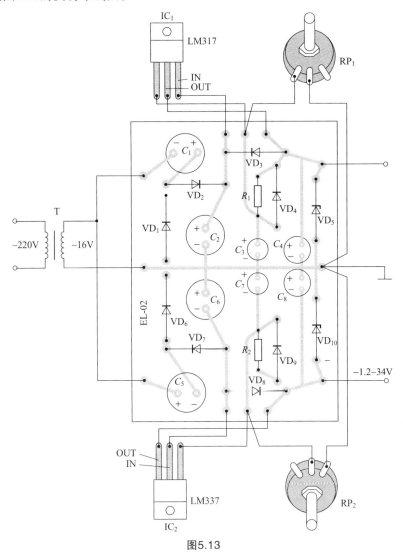

图5.13

电路原理图的绘制原则

（1）电路布局。

各单元电路在整个电路图面上，均是由左到右、由上到下进行排列的。例如，电路的输入部分排在左边，输出部分排在右边。

元器件图形符号排列的方向应与图画平行或垂直，避免斜线排列，引线折弯要成直角。

为了减少线条，在图中可将多根单线汇成一总线，汇合处用45°角或90°角表示。在每根汇合线的两端应用相同的序号标注。

各单元电路中的元器件相对集中。在电路中共同完成任务的一组元器件（例如，光敏二极管和光敏晶体管），即使两元器件在产品结构中的位置不在一处，但为了方便识图，也可在图上将这两个元器件绘制在一起。必要时还可将该组元器件画上点划轮廓线加以说明。

串联或并联的元件组可在图上只绘出一个图形符号，其余的在标注中加以说明。

（2）导线的连接。

在电路原理图中，两条导线交叉且连接在一起的，在交叉点处要用黑圆点表示；若两条交叉导线处的交叉点无黑圆点，则说明这两条导线不连接。丁字线的连接点处可以加黑圆点，也可以不加黑圆点。

（3）接地线和电源线。

电路原理图的接地线通常布置在电路图下方。简单的电路原理图中，各接地点用一根导线连接在一起，只引出一个接地符号。较复杂的电路原理图中，往往用分散的接地符号来表示，但识图时应理解为各接地点之间是彼此相连的。

电源线通常布置在电路图的上方。与接地线一样，简单的电路原理图中也是用一根电源线来将整个电路的电源端连接起来；较复杂的电路原理图中则使用分散的电源连接端子表示，识图时也应理解为各个电源端子间是彼此相连的。

（4）开关与控制触点的画法。

电路原理图中，电源开关处在断路位置，转换开关处在断路位置或具有代表性的位置。

继电器和交流接触器的常开触点处于断开位置，常闭触点处于接通位置。

为了识图清晰，允许将多级开关、多级按钮、继电器和交流接触器的图形符号分成几个部分，分别绘制在图面的几个地方，但各部分的位置代号应相同。

058　方框图的绘制原则

方框图既可以由全部框图组成，也可由框图和图形符号相间设置。方框图中每一个单元框（矩形或正方形）或图形符号，均表示一个具有独立功能作用的单元电路或元器件组合，各单元框之间的排列应根据其所起作用和相互联系的先后顺序从左至右、自上而下地排列（通常排成一列或几列）。

各单元框用实线连接起来，连线上用箭头表示其作用和作用方向（信号流程或控制作用）。若整个方框图中有多种不同性质的信号线或控制线时，则应使用不同的线形加以区别。

较复杂的方框图电路中，为了表达得更清楚，可将几个共同完成同一功能的单元电路框图用点划线圈起来。

059　电动送风机的延迟运行运转电路

（1）电动送风机的实际设备图。

电动送风机的实际设备图如图5.14所示，控制盘中只安排了电磁接触器、过电流继电器和启动与停止按钮开关，通过在控制盘中增加定时器和辅助继电器可以进行电动送风机的延迟运行运转控制。

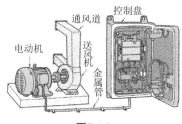

图5.14

（2）电动送风机的延迟运行运转电路实际布线图。

图5.15示出了采用延迟运行电路的电动送风机延迟运行运转电路实际布线图，它是一种基于定时器的时间控制基本电路。在这个电路中，按压启动按钮开关施加输入信号并且经过一定时间（定时器的整定时间）以后，被启动的电动送风机会自动地开始运转。

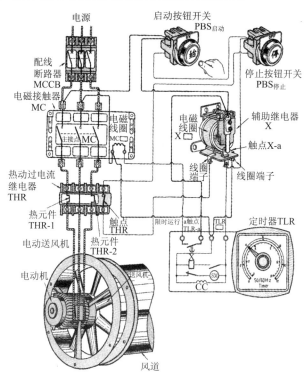

图5.15

（3）电动送风机的延迟运行运转电路顺序图。

将电动送风机的延迟运行运转电路的实际布线图改画成顺序图，则如图5.16所示。所谓电动送风机就是用电动机进行驱动的送风机。

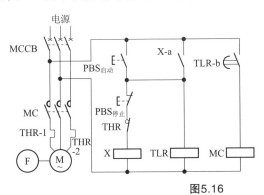

符号含义
MCCB: 配线断路器
PBS启动: 启动按钮开关
PBS停止: 停止按钮开关
THR: 热动过电流继电器
X: 辅助继电器
TLR: 定时器的线圈
TLR-b: 定时器的限时运行b触点
MC:电磁接触器
F:电动送风机

图5.16

060 采用无浮子液位继电器的供水控制电路

（1）供水控制电路实际布线图。

图5.17所示是供水设备的构造。图5.18表示了供水控制设备的实际布线图。它利用电动泵从供水源向供水箱抽水，并且利用无浮子液位继电器对水箱中的液位进行检测，从而实现供水控制设备的自动化控制。

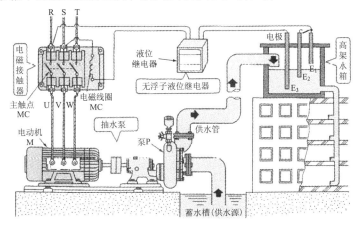

图5.17

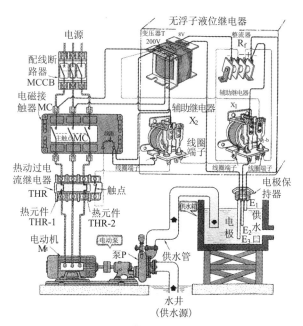

图5.18

（2）供水控制电路顺序图（图5.19）。

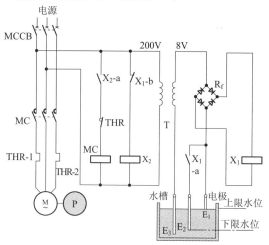

符号含义   T: 变压器 $E_1 \cdot E_2 \cdot E_3$: 无浮子液位继电器的电极
R_f: 整流器   M-P: 电动泵

图5.19

图5.19所示是由采用无浮子液位继电器的供水控制设备实际布线图改画成的顺序图。

因为若把交流200V电压直接加到无浮子液位继电器的电极之间是危险的，所以利用变压器把电压降低到8V。

（3）水箱水位与电动泵的启动及停止方法。

水箱水位与电动泵的启动及停止方法如图5.20所示。

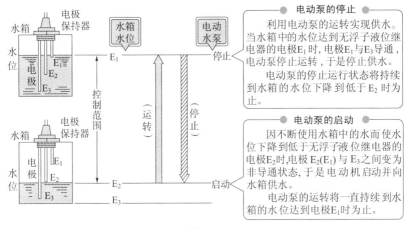

电动泵的停止

利用电动泵的运转实现供水。当水箱中的水位达到无浮子液位继电器的电极E_1时，电极E_1与E_3导通，电动泵停止运转，于是停止供水。

电动泵的停止运行状态将持续到水箱的水位下降到低于E_2时为止。

电动泵的启动

因不断使用水箱中的水而使水位下降到低于无浮子液位继电器的电极E_2时,电极$E_2(E_1)$与E_3之间变为非导通状态,于是电动机启动并向水箱供水。

电动泵的运转将一直持续到水箱的水位达到电极E_1时为止。

图5.20

061 带有缺水报警的供水控制电路

（1）带有缺水报警的供水控制电路实际布线图。

图5.21示出了一个带有缺水报警的供水控制实际布线图。在这个电路中采用了无浮子液位继电器（缺水报警型），在对供水箱进行自动供水的同时，当供水箱的液位缺水时，蜂鸣器发出鸣叫报警，电动泵自动停止，从而防止了因过负荷引起的烧损。

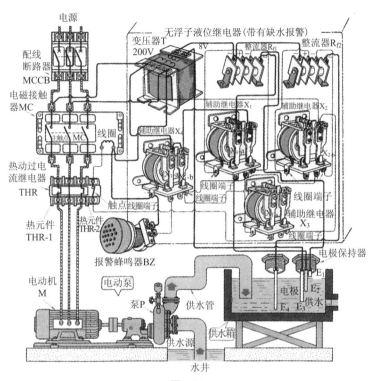

图5.21

（2）带有缺水报警的供水控制电路的顺序图。

图5.22表示的是带有缺水报警的供水控制电路的顺序图。

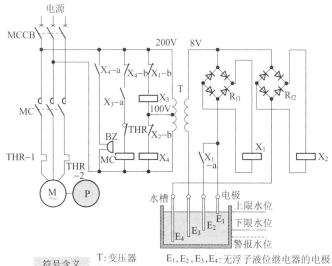

符号含义　T:变压器　E₁,E₂,E₃,E₄:无浮子液位继电器的电极
　　　　　　R_{f1},R_{f2}:整流器　M-P:电动泵

图5.22

062 采用无浮子液位继电器的排水控制电路

（1）排水控制电路实际布线图。

排水设备的构造如图5.23所示。图5.24示出了一个排水控制设备的实际布线图，它担负着利用电动泵从排水箱中将水抽出来进行排放的任务，并且利用无浮子液位继电器对水箱的液位自动地进行控制。

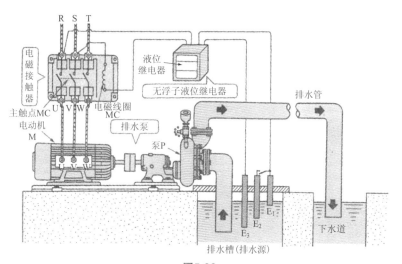

图5.23

图5.24

（2）排水控制电路的顺序图。

图5.25所示是由采用无浮子液位继电器的排水控制设备的实际布线图改画成的顺序图。

因为把交流200V的电压直接加到无浮子液位继电器的电极之间是危险的，所以利用变压器把它降低到8V。

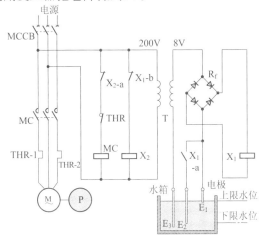

图5.25

符号含义　T：变压器　E_1,E_2,E_3：无浮子液位继电器的电极
　　　　　R_f：整流器　M-P：电动泵

（3）排水箱水位与电动泵的启动和停止方法。

排水箱水位与电动泵的启动和停止方法如图5.26所示。

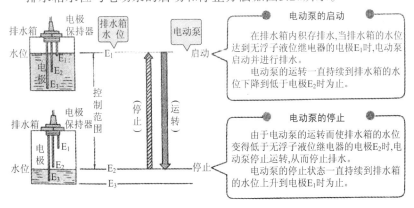

图5.26

063 带有涨水报警的排水控制电路

（1）带有涨水报警的排水控制电路实际布线图。

图5.27表示的是一个带有涨水报警的排水控制设备的实际布线图。在这个电路中，利用无浮子液位继电器（异常涨水警报型），在进行排水箱自动排水的同时，万一排水箱发生异常涨水，在液位变高的情况下，蜂鸣器会发出鸣叫报警。

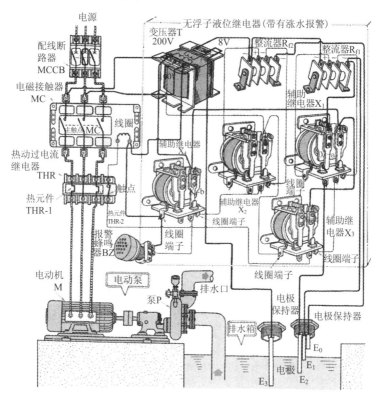

图5.27

（2）带有涨水报警的排水控制电路的顺序图。

图5.28表示的是带有涨水报警的排水控制电路的顺序图。

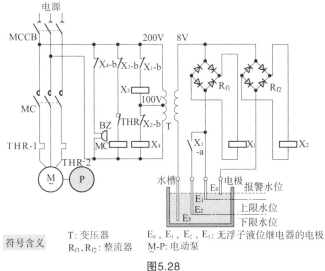

图5.28

符号含义	T: 变压器	E_0, E_1, E_2, E_3: 无浮子液位继电器的电极
	R_{f1}, R_{f2}: 整流器	M-P: 电动泵

064 传送带的暂时停止控制电路

（1）传送带的暂时停止控制实际布线图。

传送带设备的实际构造如图5.29所示。

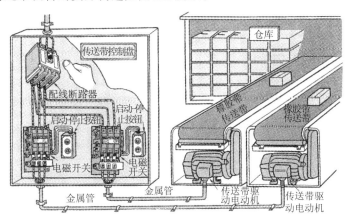

图5.29

为了对传送带上的部件在特定位置上进行安装，图5.30表示了一种控制电路的实际布线图。它使得运转中的传送带在作为作业时间的一定时间停止后，能再度启动传送带的暂时停止控制电路。

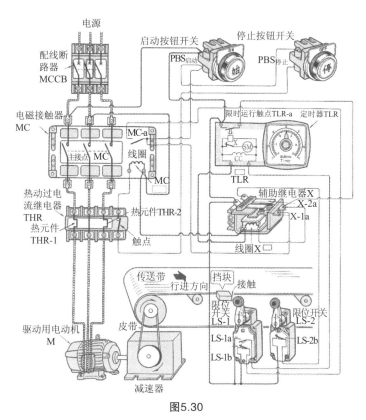

图5.30

（2）传送带的暂时停止控制电路的顺序图。

图5.31表示的是传送带的暂时停止控制电路的顺序图。

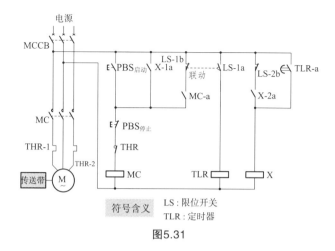

图5.31

065 货物升降机的自动反转控制电路

（1）货物升降机的自动反转控制实际布线图。

图5.32表示的是一种在作业场内一、二层之间使货物上升的升降机实际布线图。在这个电路中，当按压启动按钮开关PBS-F启动时，货物升降机启动。当升降机到达二层时，由于限位开关LS-2的作用，升降机会停止运行。与此同时，定时器TLR被通电。当经过了设定时间以后，在其触点作用下，升降机会自动反转下降。而升降机下降到位于一层的限位开关LS-1时，升降机停止运行。

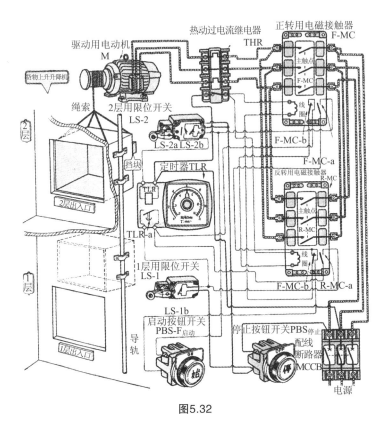

图5.32

（2）货物升降机的自动反转控制电路的顺序图。

图5.33表示的是货物升降机的自动反转控制电路的顺序图。

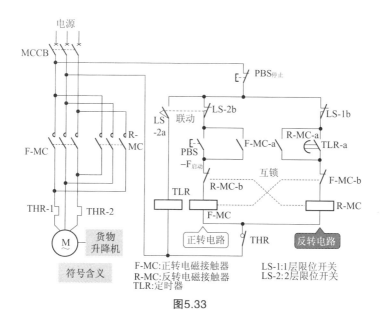

图5.33

066 泵的反复运转控制电路

（1）泵的反复运转控制的实际布线图。

图5.34表示的是泵设备的实际构造图。

图5.35表示的是一种泵的反复运转控制电路的实际布线图。它能使泵在一定时间内运转并且自动停止，同时在停止了某时间段以后再度自动运转。

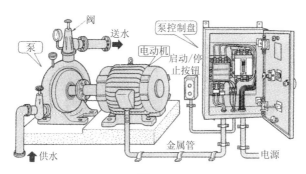

图5.34

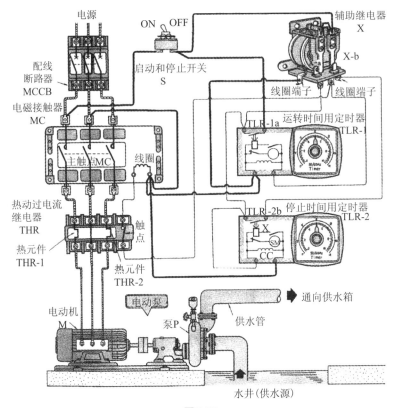

图5.35

（2）泵的反复运转控制电路的顺序图。

图5.36表示的是泵的反复运转控制电路的顺序图。

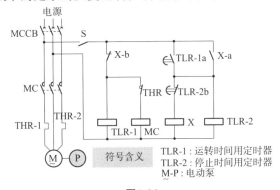

图5.36

067 泵的顺序启动控制电路

（1）泵的顺序启动控制电路实际布线图。

图5.37表示的是一种泵的顺序启动控制电路的实际布线图。它表明当按压启动按钮时，在两台泵中，No.1泵开始启动，然后在经过一段时间后，No.2泵开始启动。

（2）泵的顺序启动控制电路的顺序图。

图5.38表示的是泵的顺序启动控制电路的顺序图。

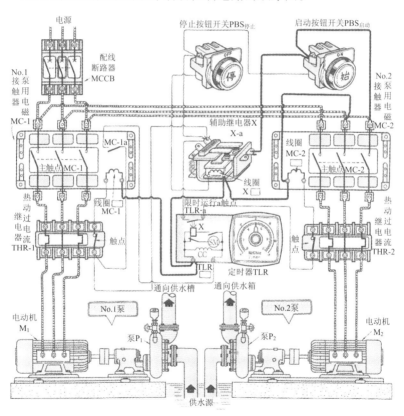

图5.37

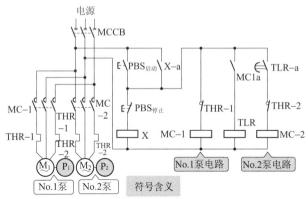

符号含义

MC-1 : No.1泵用电磁接触器 M_1-P_1 : No.1电动泵
MC-2 : No.2泵用电磁接触器 M_2-P_2 : No.2电动泵

图5.38

第6章 电工常用低压电器

068 铁壳开关

铁壳开关又叫封闭式负荷开关，具有通断性能好、操作方便、使用安全等优点。铁壳开关主要用于各种配电设备中手动不频繁接通和分断负载的电路。交流380V、60A及以下等级的铁壳开关还可用作15kW及以下三相交流电动机的不频繁接通和分断控制。

常用铁壳开关为HH系列，其型号的含义如下：

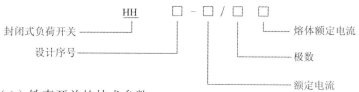

（1）铁壳开关的技术参数。

常用HH3、HH4系列铁壳开关的主要技术参数见表6.1。

表6.1　HH3、HH4系列铁壳开关的主要技术参数

型号	额定电流（A）	额定电压（V）	极数	熔体主要参数		
				额定电流（A）	线径（mm）	材料
HH3	15	440	2，3	6	0.26	纯铜丝
				10	0.35	
				15	0.46	
	30			20	0.65	
				25	0.71	
				30	0.81	

型号	额定电流（A）	额定电压（V）	极数	熔体主要参数		
				额定电流（A）	线径（mm）	材料
HH3	60	440	2，3	40	1.02	纯铜丝
				50	1.22	
				60	1.32	
HH4	15	380	2，3	6	1.08	软铝丝
				10	1.25	
				15	1.98	
	30			20	0.61	纯铜丝
				25	0.71	
				30	0.80	
	60			40	0.92	
				50	1.07	
				60	1.20	

（2）铁壳开关的选用。

① 铁壳开关用来控制感应电动机时，应使开关的额定电流为电动机满载电流的3倍以上。

② 选择熔丝要使熔丝的额定电流为电动机的额定电流的1.5~2.5倍。更换熔丝时，管内石英砂应重新调整再使用。

（3）铁壳开关安装及使用注意事项。

① 为了保障安全，开关外壳必须连接良好的接地线。

② 接开关时，要把接线压紧，以防烧坏开关内部的绝缘。

③ 为了安全，在铁壳开关钢质外壳上装有机械联锁装置，当壳盖打开时，不能合闸；合闸后，壳盖不能打开。

④ 安装时，先预埋固定件，将木质配电板用紧固件固定在墙壁或柱子上，再将铁壳开关固定在木质配电板上。

⑤ 铁壳开关应垂直于地面安装，其安装高度以手动操作方便为宜，

通常在1.3~1.5m。

⑥ 铁壳开关的电源进线和开关的输出线，都必须经过铁壳的进出线孔。安装接线时应在进出线孔处加装橡皮垫圈，以防尘土落入铁壳内。

⑦ 操作时，必须注意不得面对铁壳开关拉闸或合闸，一般用左手操作合闸。若更换熔丝，必须在拉闸后进行。

（4）铁壳开关的常见故障及检修方法。

铁壳开关的常见故障及检修方法见表6.2。

表6.2 铁壳开关的常见故障及检修方法

故障现象	产生原因	检修方法
合闸后一相或两相没电	1. 夹座弹性消失或开口过大 2. 熔丝熔断或接触不良 3. 夹座、动触点氧化或有污垢 4. 电源进线或出线头氧化	1. 更换夹座 2. 更换熔丝 3. 清洁夹座或动触点 4. 检查进出线头
动触点或夹座过热或烧坏	1. 开关容量太小 2. 分、合闸时动作太慢造成电弧过大，烧坏触点 3. 夹座表面烧毛 4. 动触点与夹座压力不足 5. 负载过大	1. 更换较大容量的开关 2. 改进操作方法，分、合闸时动作要迅速 3. 用细锉刀修整 4. 调整夹座压力，使其适当 5. 减轻负载或调换较大容量的开关
操作手柄带电	1. 外壳接地线接触不良 2. 电源线绝缘损坏	1. 检查接地线，并重新接好 2. 更换合格的导线

069 胶盖刀开关

胶盖刀开关又叫开启式负荷开关，其结构简单、价格低廉、应用维修方便。常用作照明电路的电源开关，也可用于5.5kW以下电动机作不频繁启动和停止控制。

（1）胶盖刀开关的型号。

应用较广泛的胶盖刀开关为HK系列，其型号的含义如下：

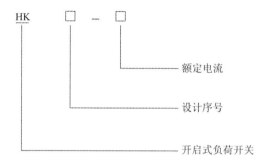

（2）胶盖刀开关的选用。

① 对于普通负载，选用的额定电压为220V或250V，额定电流不小于电路最大工作电流，对于电动机，选用的额定电压为380V或500V，额定电流为电动机额定电流的3倍。

② 在一般照明线路中，瓷底胶盖闸刀开关的额定电压大于或等于线路的额定电压，常选用250V、220V。而额定电流等于或稍大于线路的额定电流，常选用10A、15A、30A。

（3）胶盖刀开关安装和使用注意事项。

① 胶盖刀开关必须垂直安装在控制屏或开关板上，不能倒装，即接通状态时手柄朝上，否则有可能在分断状态时闸刀开关松动落下，造成误接通。

② 安装接线时，刀闸上桩头接电源，下桩头接负载。接线时进线和出线不能接反，否则在更换熔丝时会发生触电事故。

③ 操作胶盖刀开关时，不能带重负载，因为HK1系列瓷底胶盖刀开关不设专门的灭弧装置，它仅利用胶盖的遮护防止电弧灼伤。

④ 如果要带一般性负载操作，动作应迅速，使电弧较快熄灭。一方面不易灼伤人手，另一方面也减少电弧对动触点和静夹座的冲击。

（4）HK系列胶盖刀开关的基本技术参数。

见表6.3。

表6.3 HK系列胶盖刀开关的基本技术参数

型号	额定电压（V）	额定电流（A）	极数	可控制电动机功率（kW）	最大分断电流（A）	熔丝线径（mm）	铅	锡	锑
HK1–15		15		1.1	500	1.45~1.59			
HK1–30	220	30	2	1.5	1000	2.3~2.52			
HK1–60		60		3.0	1500	3.36~4	98%	1%	1%
HK1–15		15		2.2	500	1.45~1.59			
HK1–30	380	30	3	4.0	1000	2.3~2.52			
HK1–60		60		5.5	1500	3.36~4			
HK2–10		0		1.1	500	0.25			
HK2–15	220	15	2	1.5	500	0.41			
HK2–30		30		3.0	1000	0.56			
HK2–60		60		4.5	1500	0.65	含铜量不少于99.9%		
HK2–15		15		2.2	500	0.45			
HK2–30	380	30	3	4.0	1000	0.71			
HK2–60					1500	1.12			

（070）**熔断器式刀开关**

熔断器式刀开关又叫熔断器式隔离开关，是以熔断体或带有熔断体的载熔件作为动触点的一种隔离开关。常用的型号有HR3、HR5、HR6系列，额定电压交流380V（50Hz），直流440V，额定电流至600A。熔断器式刀开关用于具有高短路电流的配电电路和电动机电路中，作为电源开关、隔离开关、应急开关，并作为电路保护用，但一般不作为直接开关单台电动机之用。熔断器式刀开关是用来代替各种低压配电装置刀开关和熔断器的组合电器。

（1）熔断器式刀开关的型号。

熔断器式刀开关的型号及其含义如下：

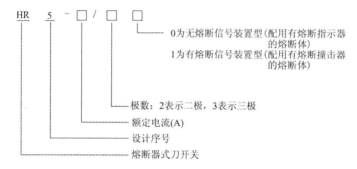

（2）熔断器式刀开关的主要技术参数。

见表6.4。

表6.4　HR3系列熔断器式刀开关的主要技术参数

型号	刀开关与熔断体额定电流（A）	熔体额定电流（A）	刀开关分断能力（A）		熔断器分断能力（kA）	
			AC 380V $\cos\phi \geqslant$ 0.6	DC 440V $t \leqslant$ 0.0045s	AC 380V $\cos\phi \leqslant$ 0.3	DC 440V $t=0.015\sim$ 0.02s
HR3–100	100	30，40，50，60，80，100	100	100	50	25
HR3–200	200	80，100，120，150，200	200	200		
HR3–400	400	150，200，250，300，350，400	400	400		
HR3–600	600	350，400，450，500，550，600	600	600		
HR3–1000	1000	700，800，900，1000	1000	1000	25	

（3）熔断器式刀开关安装及使用注意事项。

① 熔断器式刀开关必须垂直安装。

② 根据用电设备的容量正确选择熔断器的等级（熔体的额定电流）。

③ 接入的母线必须根据熔断体的额定电流来选择，在母线与插座的连接处必须清除氧化膜，然后立即涂上少量工业凡士林，防止氧化。

④ 当多回路的配电设备中有故障时，可以打开熔断器式刀开关的门，检查熔断指示器，从而及时找出有故障的回路，更换熔断器后迅速恢复供电。

⑤ 熔断器式刀开关的门在打开位置时，不得作接通和分断电流操作。

⑥ 在正常运行时，必须经常地检查熔断器的熔断指示器，防止线路因一相熔断所造成的电动机缺相运转。

⑦ 熔断器式刀开关必须作定期检修，消除可能发生的事故隐患。

⑧ 熔断器式刀开关的槽形导轨必须保持清洁，防止积污后操作不灵。

071 组合开关

组合开关又叫转换开关，也是一种刀开关。不过它的刀片（动触片）是转动式的，比刀开关轻巧而且组合性强，具有体积小、寿命长、使用可靠、结构简单等优点。组合开关可作为电源引入开关或作为5.5kW以下电动机的直接启动、停止、正反转和变速等的控制开关。采用组合开关控制电动机正反转时，必须使电动机完全停止转动后，才能接通电动机反转的电路。每小时的转接次数不宜超过20次。

（1）组合开关的型号。

常用的组合开关为HZ系列，其型号含义如下：

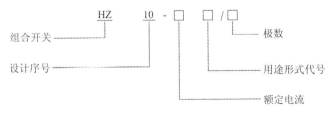

（2）组合开关的主要技术参数。

见表6.5。

表6.5　HZ10系列组合开关的技术参数

型号	额定电压（V）	额定电流（A）	极数	极限操作电流（A）		可控制电动机最大容量和额定电流		额定电压、电流下通断次数	
				接通	分断	容量（kW）	额定电流（A）	交流 cos φ	
				接通	分断	容量（kW）	额定电流（A）	≥ 0.8	≥ 0.3
HZ10−10	直流220，交流380	6	单极	94	62	3	7	20000	10000
		10							
HZ10−25		25	2，3	155	108	5.5	12		
HZ10−60		60							
HZ10−100		100						10000	50000

（3）组合开关的选用。

① 组合开关应根据用电设备的电压等级、容量和所需触头数进行选用。

② 用于照明或电热负载，组合开关的额定电流等于或大于被控制电路中各负载额定电流之和。

③ 用于电动机负载，组合开关的额定电流一般为电动机额定电流的1.5~2.5倍。

（4）组合开关安装及使用注意事项。

① 组合开关应固定安装在绝缘板上，周围要留一定的空间便于接线。

② 操作时频度不要过高，一般每小时的转换次数不宜超过15~20次。

③ 用于控制电动机正反转时，必须使电动机完全停止转动后，才能接通电动机反转的电路。

④ 由于组合开关本身不带过载保护和短路保护，使用时必须另设其他保护电器。

⑤ 当负载的功率因数较低时，应降低组合开关的容量使用，否则会影响开关的寿命。

072 低压熔断器

熔断器是一种广泛应用的最简单有效的保护电器之一。其主体是低熔点金属丝或金属薄片制成的熔体，串联在被保护的电路中。在正常情况下，熔体相当于一根导线，当发生短路或过载时，电流很大，熔体因过热熔化而切断电路。熔断器具有结构简单、价格低廉、使用和维护方便等优点。常用的低压熔断器有瓷插式、螺旋式、无填料封闭管式、有填料封闭管式等几种。

常用熔断器型号的含义如下：

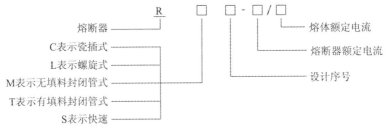

(1) 几种常用的熔断器。

① 瓷插式熔断器。瓷插式熔断器结构简单、价格低廉、更换熔丝方便，广泛用作照明和小容量电动机的短路保护。

② 螺旋式熔断器。螺旋式熔断器主要由瓷帽、熔断管（熔芯）、瓷套、上、下接线桩及底座等组成。它具有熔断快、分断能力强、体积小、更换熔丝方便、安全可靠、熔丝熔断后有显示等优点，适用于额定电压380V及以下、电流在200A以内的交流电路或电动机控制电路中，作为过载或短路保护。

③ 无填料封闭管式熔断器。常用的无填料封闭管式熔断器为RM系

列，主要由熔断管、熔体和静插座等部分组成，具有分断能力强、保护性好、更换熔体方便等优点，但造价较高。无填料封闭管式熔断器适用于额定电压交流为380V或直流440V的各电压等级的电力线路及成套配电设备中，作为短路保护或防止连续过载使用。

④ 有填料封闭管式熔断器。使用较多的有填料封闭管式熔断器为RT系列，主要由熔管、触刀、夹座、底座等部分组成，它具有极限断流能力大（可达50kA）、使用安全、保护特性好、带有明显的熔断指示器等优点，缺点是熔体熔断后不能单独更换，造价较高。有填料封闭管式熔断器适用于交流电压380V、额定电流1000A以内的高短路电流的电力网络和配电装置中，作为电路、电机、变压器及电气设备的过载与短路保护。

⑤ NT系列低压高分断能力熔断器。NT系列低压高分断能力熔断器具有分断能力强（可达100kA）、体积小、质量轻、功耗小等优点，适用于额定电压至660V、额定电流至1000A的电路中，作为工业电气设备过载和短路保护使用。

（2）熔断器的运用。

① 熔断器的类型应根据使用场合及安装条件进行选择。电网配电一般用管式熔断器；电动机保护一般用螺旋式熔断器；照明电路一般用瓷插式熔断器；保护晶闸管则应选择快速熔断器。

② 熔断器的额定电压必须大于或等于线路的电压。

③ 熔断器的额定电流必须大于或等于所装熔体的额定电流。

④ 合理选择熔体的额定电流。

●对于变压器、电炉和照明等负载，熔体的额定电流应略大于线路负载的额定电流。

●对于一台电动机负载的短路保护，熔体的额定电流应大于或等于1.5~2.5倍电动机的额定电流。

●对几台电动机同时保护，熔体的额定电流应大于或等于其中最大容量的一台电动机的额定电流的1.5~2.5倍加上其余电动机额定电流的总和。

●对于降压启动的电动机，熔体的额定电流应等于或略大于电动机的额定电流。

（3）熔断器安装及使用注意事项。

① 安装前检查熔断器的型号、额定电流、额定电压、额定分断能力等参数是否符合规定要求。

② 安装熔断器保证足够的电气距离外，还应保证足够的间距，以便于拆卸、更换熔体。

③ 安装时应保证熔体和触刀以及触刀和触刀座之间接触紧密可靠，以免由于接触处发热，使熔体温度升高，发生误熔断。

④ 安装熔体时必须保证接触良好，不允许有机械损伤，否则准确性将大大降低。

⑤ 熔断器应安装在各相线上，三相四线制电源的中性线上不得安装熔断器，而单相两线制的零线上应安装熔断器。

073 低压断路器

低压断路器又称自动空气开关或自动空气断路器，主要用于低压动力线路中，当电路发生过载、短路、失压等故障时，它的电磁脱扣器自动脱扣进行短路保护，直接将三相电源同时切断，保护电路和用电设备的安全。在正常情况下也可用作不频繁地接通和断开电路或控制电动机。

低压断路器具有多种保护功能，动作后不需要更换元件，其动作电流可按需要方便地调整，工作可靠、安装方便、分断能力较强，因而在电路中得到广泛的应用。

低压断路器按结构形式可分为塑壳式（又称装置式）和框架式（又称万能式）两大类，框架式断路器为敞开式结构，适用于大容量配电装置；塑料外壳式断路器的特点是外壳用绝缘材料制作，具有良好的安全性，广泛用于电气控制设备及建筑内作电源线路保护及对电动机进行过载和短路保护。

（1）低压断路器的型号。

低压断路器的型号含义如下：

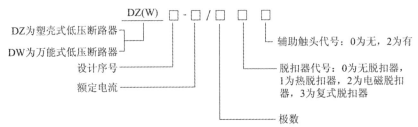

（2）低压断路器的主要技术参数。

DZ5-20系列断路器的主要技术参数见表6.6。

表6.6 DZ5-20系列断路器的主要技术参数

型号	额定电压（V）	额定电流(A)	极数	脱扣器类别	热脱扣器额定电流（括号内为整定电流调节范围）（A）	电磁脱扣器瞬时动作整定值（A）
DZ5-20/200			2	无脱扣器	—	—
DZ5-20/300			3			
DZ5-20/210			2	热脱扣器	0.15（0.10~0.15）0.20	
DZ5-20/310			3			
DZ5-20/220	交流380，直流220	20	2	电磁脱扣器	（0.15~0.20）0.30（0.20~0.30）	为热脱扣器额定电流的8~12倍（出厂时整定于10倍）
DZ5-20/320			3			
DZ5-20/230			2	复式脱扣器	0.45（0.30~0.45）0.65（0.45~0.65）1（0.65~1）1.5（1~1.5）	
DZ5-20/330			3			

型号	额定电压（V）	额定电流(A)	极数	脱扣器类别	热脱扣器额定电流（括号内为整定电流调节范围）（A）	电磁脱扣器瞬时动作整定值（A）
					2（1.5~2） 3（2~3） 4.5（3~4.5） 6.5（4.5~6.5） 10（6.5~10） 15（10~15） 20（15~20）	

　　DZ20系列断路器按其极限分断故障电流的能力分为一般型（Y型）、较高型（J型）、最高型（G型）。J型是利用短路电流的巨大电动斥力将触点斥开，紧接着脱扣器动作，故分断时间在14ms以内，G型可在8~10ms以内分断短路电流。DZ20系列断路器的主要技术参数见表6.7。

表6.7　DZ20系列断路器的主要技术参数

型号	额定电压(V)	壳架额定电流（A）	断路器额定电流IN（A）	瞬时脱扣器整定电流倍数
DZ20Y-100	~380 ~220	100	16，20，25，32，40，50，63，80，100	配电用 10IN 保护电动机用 12IN
DZ20J-100				
DZ20G-100				

续表 6.7

型号	额定电压（V）	壳架额定电流（A）	断路器额定电流 IN（A）	瞬时脱扣器整定电流倍数
DZ20Y-225		225	100，125，160，180，200，225	配电用 5IN，10IN 保护电动机用 12IN
DZ20J-225				
DZ20G-225				
DZ20Y-400		400	250，315，350，400	配电用 10IN 保护电动机用 12IN
DZ20J-400				
DZ20G-400				
DZ20Y-630		630	400，500，630	配电用 5IN，10IN
DZ20J-630				

DW16系列断路器的主要技术参数见表6.8。

表6.8 DW16系列断路器的主要技术参数

型号		DW16-315	DW16-400	DW16-630
额定电流（A）		315	400	630
额定电压（V）		380		
额定频率（Hz）		50		
额定短路分断能力	在 O-CO-CO 试验程序下短路分断能力（kA）	25	25	25
	极限短路分断能力（kA）			
	飞弧距离（mm）			
瞬时过电流脱扣器电流整定值（A）		945~1890	1200~2400	1890~3790
额定接地动作电流（A）		158	200	315
额定接地不动作电流（A）		79	100	158

M11系列塑料外壳式断路器，主要适用于不频繁操作的交流50Hz、电压至380V，直流电压至220V及以下的电路中作接通和分断电路之用，它的主要技术参数见表6.9。

表6.9 M11系列塑料外壳式断路器的基本参数

型号	壳架等级额定电流（A）	额定绝缘电压（V）	额定工作电压（V）	额定频率（Hz）	额定极限短路分断能力				极限短路分断试验程序	额定电流（A）
					DC		AC			
					220V	Tms	380V	cos φ		
M11-100	100	380	交流380，直流220	50	10	5	6	0.7	3分	15，20
							10	0.5		25，30，40，50
							12	0.3		60，80，100
M11-250	250				20	10	20	0.3	O-CO	100，120，140，170，200，（225），250
M11-600	600				25	15	25	0.25		200，250，300，350，400，500，600

（3）低压断路器的选用。

① 根据电气装置的要求选定断路器的类型、极数以及脱扣器的类型、附件的种类和规格。

② 断路器的额定工作电压应大于或等于线路或设备的额定工作电压。对于配电电路来说应注意区别是电源端保护还是负载保护，电源端电压比负载端电压高出5%左右。

③ 热脱扣器的额定电流应等于或稍大于电路工作电流。

④ 根据实际需要，确定电磁脱扣器的额定电流和瞬时动作整定电流。

●电磁脱扣器的额定电流只要等于或稍大于电路工作电流即可。

●电磁脱扣器的瞬时动作整定电流为：作为单台电动机的短路保护时，电磁脱扣器的整定电流为电动机启动电流的1.35倍（DW系列断路器）或1.7倍（DZ系列断路器）；作为多台电动机的短路保护时，电磁脱扣器的整定电流为1.3倍最大一台电动机的启动电流再加上其余电动机的工作电流。

（4）低压断路器的安装使用和维护。

① 安装前核实装箱单上的内容，核对铭牌上的参数与实际需要是否相符，再用螺钉（或螺栓）将断路器垂直固定在安装板上。

② 板前接线的断路器允许安装在金属支架或金属底板上，把铜导线剥去适量长度的绝缘外层，插入线箍的孔内，将线箍的外包层压紧，包牢导线，然后将线箍的连接孔与断路器接线端用螺钉紧固；对于铜排，先把接线板在断路器上固定，再与铜排固定。

③ 板后接线的断路器必须安装在绝缘底板上。固定断路器的支架或底板必须平坦。

④ 为防止相间电弧短路，进线端应安装隔弧板，隔弧板安装时应紧贴在外壳上，不可留有缝隙，或在进线端包扎200mm黄蜡带。

⑤ 断路器的上接线端为进线端，下接线端为出线端，"N"极为中性极，不允许倒装。

(074) 交流接触器

交流接触器是通过电磁机构动作，频繁地接通和分断主电路的远距离操纵电器。它具有动作迅速、操作安全方便、便于远距离控制以及具有欠电压、零电压保护作用等优点，广泛用于电动机、电焊机、小型发电机、电热设备和机床电路上。由于它只能接通和分断负荷电流，不具备短路保护作用，因此常与熔断器、热继电器等配合使用。

交流接触器主要由电磁机构、触点系统、灭弧装置及辅助部件等组成。

（1）交接接触器的型号。

常用的交流接触器有CJO、CJ10、CJ12、CJ20和CJTl系列以及B系列等。

CJ20系列交流接触器的型号含义如下：

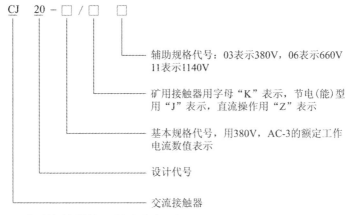

CJT1系列接触器的型号含义如下：

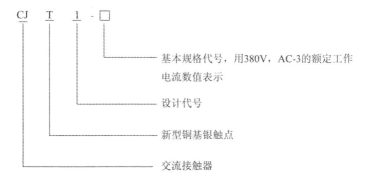

接触器按AC-3额定工作电流等级分为10种，即10A、16A、25A、40A、63A、100A、160A、250A、400A、630A。其中CJ20-40、CJ20-63、CJ20-100、CJ20-160、CJ20-250、CJ20-630带纵缝灭弧罩；CJ20-160/11、CJ20-250/06、CJ20-400、CJ20-630/06、CJ20-630/11带栅片灭弧罩。

（2）交流接触器的主要技术参数。

CJ0、CJ10、CJ12系列交流接触器的主要技术参数见表6.10。

表6.10　CJ0、CJ10、CJ12系列交流接触器的主要技术参数

型号	主触点额定电流（A）	辅助触点额定电流（A）	可控制电动机的最大功率（kW）		吸引线圈电压（V）	额定操作频率（次/小时）
			220V	380V		
CJ0-10	10		2.5	4	36110、127、220、380、440	1200
CJ0-20	20	5	5.5	10		
CJ0-40	40		11	20		
CJ0-75	75	10	22	40	110、127、220、380	600
CJ10-10	10		2.2	4	36、110、220、380	600
CJ10-20	20	5	5.5	10		
CJ10-40	40		11	20		
CJ10-60	60		17	30	36、127、220、380	600
CJ10-100	100		30	50		
CJ10-150	150	10	43	75		
CJ12100 CJ12B-100	100			50		
CJ12-150 CJ12B-150	150			75		300

续表 6.10

型号	主触点额定电流（A）	辅助触点额定电流（A）	可控制电动机的最大功率（kW）		吸引线圈电压（V）	额定操作频率（次/小时）
			220V	380V		
CJ12–250 CJ12B–250	250			125		
CJ12–400 CJ12B–400	400			200		
CJ12–600 CJ12B–600	600			300		

　　CJ20系列交流接触器，主要用于交流50Hz，额定电压至660V（个别等级至1140V），电流至630A的电力线路中，用于远距离频繁地接通和分断电路及控制交流电动机用，并适用于与热继电器或电子式保护装置组成电磁启动器，以保护电路。

　　CJ20系列交流接触器的主要技术参数见表6.11。

表6.11　CJ20系列交流接触器的主要技术参数

型号	额定绝缘电压（V）	额定发热电流（A）	AC–3 使用类别下可控制的三相鼠笼型电动机的最大功率（kW）			AC–3每小时操作循环数（次）	AC–3电寿命（万次）	线圈功率启动/保持（VA/W）	选用的熔断器型号
			220V	380V	660V				
CJ20–10		10	2.2	4	4			65/8.3	RT16–20
CJ20–16	660	16	4.5	7.5	11	1200	100	62/8.5	RT16–32
CJ20–25		32	5.5	11	13			93/14	RT16–50

续表 6.11

型号	额定绝缘电压（V）	额定发热电流（A）	AC-3 使用类别下可控制的三相鼠笼型电动机的最大功率（kW）			AC-3 每小时操作循环数（次）	AC-3 电寿命（万次）	线圈功率启动/保持（VA/W）	选用的熔断器型号
			220V	380V	660V				
CJ20-40		55	11	22	22		100	175/19	RT16-80
C20-63		80	18	30	35			480/57	RT16-160
CJ20-100	660	125	28	50	50	1200	120	570/61	RT16-250
CJ20-160		200	48	85	85			855/85.5	RT16-315
CJ20-250		315	80	132	—			1710/152	RT16-400
CJ20-250/06		315	—	—	190			1710/152	RT16-400
CJ20-400	660	400	115	200	220	600	60	1710/152	RT16-500
CJ20-630		630	175	300	—			3578/250	RT16-630
CJ20-630/06		630	—	—	350				RT16-630

　　CJT1系列交流接触器主要用于交流50Hz，额定电压至380V，电流至150A的电力线路中，作远距离频繁接通与分断线路之用，并与适当的热继电器或电子式保护装置组合成电动机启动器，以保护可能发生过载的电路。

CJT1系列接触器的主要参数和技术性能见表6.12。

表6.12 CJT1系列接触器的主要参数和技术性能

型号	CJT–10	CJT1–20	CJT1–40	CJT1–60	CJT1–100	CJT1–150
额定工作电压（V）	380					
额定工作电流（AC–1，AC–4，380V）	10	20	40	60	100	150
控制电动机功率(kW) 220V	2.2	5.8	11	17	28	43
控制电动机功率(kW) 380V	4	10	20	30	50	75
每小时操作循环数（次）	AC–1，AC–3 为 600，AC–2，AC–4 为 300，CJT1–150，AC–4 为 120					
电寿命（万次） AC–3	60					
电寿命（万次） AC–4	2		1		0.6	
机械寿命（万次）	300					
辅助触点	2 常开 2 常闭，AC–15 180VA；DC–13 60W Ith；5A					
配用熔断器	RT16–20	RT16–50	RT16–80	RT16–160	RT16–250	RT16–315
吸引线圈消耗功率（VA） 闭合前瞬间	65	140	245	485	760	1100
吸引线圈消耗功率（VA） 闭合后吸持	11	22	30	95	105	116
吸合功率（W）	5	6	12	26	27	28

（3）交流接触器的选用。

① 接触器类型的选择。根据电路中负载电流的种类来选择。即交流负载应选用交流接触器，直流负载应选用直流接触器。

② 主触点额定电压和额定电流的选择。接触器主触点的额定电压应

大于或等于负载电路的额定电压。主触点的额定电流应大于负载电路的额定电流。

③ 线圈电压的选择。交流线圈电压：36V、110V、127V、220V、380V；直流线圈电压：24V、48V、110V、220V、440V。从人身和设备安全角度考虑，线圈电压可选择低一些；但当控制线路简单，线圈功率较小时，为了节省变压器，可选220V或380V。

④ 触点数量及触点类型的选择。通常接触器的触点数量应满足控制回路数的要求，触点类型应满足控制线路的功能要求。

⑤ 接触器主触点额定电流的选择。主触点额定电流应满足下面条件，即

$$I_{\text{N主触点}} \geq P_{\text{N电动机}} / (1 \sim 1.4) U_{\text{N电动机}}$$

若接触器控制的电动机启动或正反转频繁，一般将接触器主触点的额定电流降一级使用。

⑥ 接触器主触点额定电压的选择。使用时要求接触器主触点额定电压应大于或等于负载的额定电压。

⑦ 接触器操作频率的选择。操作频率是指接触器每小时的通断次数。当通断电流较大或通断频率过高时，会引起触点过热，甚至熔焊。操作频率若超过规定值，应选用额定电流大一级的接触器。

⑧ 接触器线圈额定电压的选择。接触器线圈的额定电压不一定等于主触点的额定电压，当线路简单、使用电器少时，可直接选用于380V或220V电压的线圈，如线路较复杂、使用电器超过5h，可选用24V、48V或110V电压的线圈。

（4）交流接触器的安装使用及维护。

① 接触器安装前应核对线圈额定电压和控制容量等是否与选用的要求相符合。

② 接触器应垂直安装于直立的平面上，与垂直面的倾斜不超过5°。

③ 金属底座的接触器上备有接地螺钉，绝缘底座的接触器安装在金属底板或金属外壳中时，亦需备有可靠的接地装置和明显的接地符号。

④ 主回路接线时，应使接触器的下部触点接到负荷侧，控制回路接线时，用导线的直线头插入瓦型垫圈，旋紧螺钉即可。未接线的螺钉也需旋紧，以防失落。

⑤ 接触器在主回路不通电的情况下通电操作数次确认无不正常现象后，方可投入运行。接触器的灭弧罩装好之前，不得操作接触器。

⑥ 接触器使用时，应进行经常和定期的检查与维修。经常清除表面污垢，尤其是进出线端相间的污垢。

⑦ 接触器工作时，如发出较大的噪声，可用压缩空气或小毛刷清除衔铁极面上的尘垢。

⑧ 使用中如发现接触器在切除控制电源后，衔铁有显著的释放延迟现象时，可将衔铁极面上的油垢擦净，即可恢复正常。

⑨ 接触器的触点如受电弧烧黑或烧毛时，并不影响其性能，可以不必进行修理，否则，反而可能促使其提前损坏。但触点和灭弧罩如有松散的金属小颗粒应清除。

⑩ 接触器的触点如因电弧烧损，以致厚薄不均时，可将桥形触点调换方向或相别，以延长其使用寿命。此时，应注意调整触点使之接触良好，每相下断点不同期接触的最大偏差不应超过0.3mm，并使每相触点的下断点较上断点滞后接触约0.5mm。

075 热继电器

热继电器是一种电气保护元件。它是利用电流的热效应来推动动作机构使触点闭合或断开的保护电器，广泛用于电动机的过载保护、断相保护、电流不平衡保护以及其他电气设备的过载保护。热继电器由热元件、触点、动作机构、复位按钮和整定电流装置等部分组成。

热继电器有两相结构、三相结构和三相带断相保护装置等三种类型。对于三相电压和三相负载平衡的电路，可选用两相结构式热继电器作为保护电器；对于三相电压严重不平衡或三相负载严重不对称的电路，则不宜用两相结构式热继电器而只能用三相结构式热继电器。

（1）热继电器的型号。

热继电器的型号含义为：

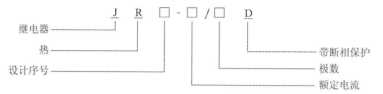

（2）热继电器的主要技术参数。

常用的热继电器有JR0、JR16、JR20、JR36、JRS1、JR16B和T系列等。

JR20系列热继电器采用立体布置式结构，除具有过载保护、断相保护、温度补偿以及手动和自动复位功能外，还具有动作脱扣灵活、动作脱扣指示以及断开检验按钮等功能装置。JR20系列热继电器的主要技术参数见表6.13。

表6.13　JR20系列热继电器的主要技术参数

型号	额定电流（A）	热元件号	整定电流调节范围（A）
JR20–10	10	1R~15R	0.1~11.6
JR20–16	16	1S~6S	3.6~18
JR20–25	25	1T~4T	7.8~29
JR20–63	63	1U~6U	16~71
JR20–160	160	1W~9W	33~176

JR36系列双金属片热过载继电器主要用于交流50Hz，额定电压至690V。电流从0.25~160A的长期工作或间断长期工作的三相交流电动机的过载保护和断相保护。JR36系列热继电器的主要技术参数见表6.14。

表6.14　JR36系列热继电器的主要技术参数

型号		JR36–20	JR36–63	JR36–160
额定工作电流（A）		20	63	160
额定绝缘电压（V）		690	690	690
断相保护		有	有	有
手动与自动复位		有	有	有
温度补偿		有	有	有
测试按钮		有	有	有
安装方式		独立式	独立式	独立式
辅助触点		1NO+1NC	1NO+1NC	1NO+1NC
AC–15 380V 额定电流（A）		0.47	0.47	0.47
AC–15 220V 额定电流（A）		0.15	0.15	0.15
导线截面积（mm²）	主回路 单芯或绞合线	1.0~4.0	6.0~16	16~70
	主回路 接线螺钉	M5	M6	M8
	辅助回路 单芯或绞合线	2*（0.5~1）	2*（0.5~1）	2*（0.5~1）
	辅助回路 接线螺钉	M3	M3	M3

（3）热继电器的选用。

①　热继电器的类型选用：一般轻载启动、长期工作的电动机或间断长期工作的电动机，选择二相结构的热继电器；当电源电压的均衡性和工作环境较差或较少有人照管的电动机，或多台电动机的功率差别较大，可选择三相结构的热继电器；而三角形连接的电动机，应选用带断相保护装置的热继电器。

②　热继电器的额定电流选用：热继电器的额定电流应略大于电动机

的额定电流。

③ 热继电器的型号选用：根据热继电器的额定电流应大于电动机的额定电流原则，查表确定热继电器的型号。

④ 热继电器的整定电流选用：一般将热继电器的整定电流调整到等于电动机的额定电流；对过载能力差的电动机，可将热元件整定值调整到电动机额定电流的0.6~0.8倍；对启动时间较长，拖动冲击性负载或不允许停车的电动机，热继电器的整定电流应调节到电动机额定电流的1.1~1.15倍。

（4）热继电器的安装使用和维护。

① 热继电器安装接线时，应清除触头表面污垢，以避免电路不通或因接触电阻太大而影响热继电器的动作特性。

② 热继电器进线端子标志为$1/L_1$、$3/L_2$、$5/L_3$与之对应的出线端子标志为$2/T_1$、$4/T_2$、$6/T_3$，常闭触点接线端子标志为95、96，常开触点接线端子标志为97、98。

③ 必须选用与所保护的电动机额定电流相同的热继电器，如不符合，则将失去保护作用。

④ 热继电器除了接线螺钉外，其他螺钉均不得拧动，否则其保护特性即行改变。

⑤ 热继电器进行安装接线时，必须切断电源。

⑥ 当热继电器与其他电器安装在一起时，应将它安装在其他电器的下方，以免其动作特性受到其他电器发热的影响。

⑦ 热继电器的主回路连接导线不宜太粗，也不宜太细。如连接导线过细，轴向导热性差，热继电器可能提前动作；反之，连接导线太粗，轴向导热快，热继电器可能滞后动作。

⑧ 当电动机启动时间过长或操作次数过于频繁时，会使热继电器误动作或烧坏电器，故这种情况一般不用热继电器作过载保护。

⑨ 若热继电器双金属片出现锈斑，可用棉布蘸上汽油轻轻揩拭，切

忌用砂纸打磨。

⑩ 当主电路发生短路事故后，应检查发热元件和双金属片是否已经发生永久变形，若已变形，应更换。

⑪ 热继电器在出厂时均调整为自动复位形式。如欲调为手动复位，可将接继电器侧面孔内螺钉倒退三四圈即可。

⑫ 热继电器脱扣动作后，若要再次启动电动机，必须待热元件冷却后，才能使热继电器复位。一般自动复位需待5min，手动复位需待2min。

⑬ 热继电器的整定电流必须按电动机的额定电流进行调整，在作调整时，绝对不允许弯折双金属片。

⑭ 为使热继电器的整定电流与负荷的额定电流相符，可以旋动调节旋钮使所需的电流值对准白色箭头，旋钮上的电流值与整定电流值之间可能有所误差，可在实际使用时按情况略微偏转。如需用两刻度之间整定电流值，可按比例转动调节旋钮，并在实际使用时适当调整。

076 时间继电器

时间继电器是一种利用电磁原理或机械动作原理来延迟触头闭合或分断的自动控制电器。它的种类很多，有电磁式、电动式、空气阻尼式和晶体管式等。在交流电路中应用较广泛的是空气阻尼式时间继电器，它是利用气囊中的空气通过小孔节流的原理来获得延时动作的。

（1）时间继电器的型号。

常用的JS7-A系列时间继电器的型号含义为：

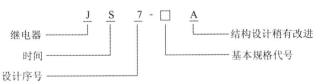

常用的JS14A系列晶体管时间继电器的型号含义为：

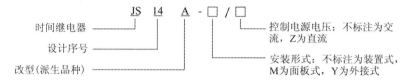

（2）时间继电器的主要技术参数。

JS7-A系列空气阻尼式时间继电器的优点是结构简单、寿命长、价格低，还附有不延时的触点，应用较为广泛。缺点是准确度低、延时误差大，在要求延时精度高的场合不宜采用。它的主要的技术参数见表6.15。

表6.15　JS7-A系列空气阻尼式时间继电器的主要技术参数

型号	瞬时动作触点数量		延时动作触点数量				触点额定电压（V）	触点额定电流（A）	线圈电压（V）	延时范围（s）	额定操作频率（次/小时）
			通电延时		断电延时						
	常开	常闭	常开	常闭	常开	常闭					
JS7-1A	—	—	1	1	—	—	380	5	24,36,110,127,220,380,420	0.4~60 及 0.4~180	600
JS7-2A	1	1	1	1	—	—					
JS7-3A	—	—	—	—	1	1					
JS7-4A	1	1	—	—	1	1					

JS14A系列继电器为通电延时型的时间继电器，用于控制电路中作延时元件，按规定的时间接通或分断电路，起自动控制作用。它的主要技术参数见表6.16。

表6.16 JS14A系列晶体管时间继电器的主要技术参数

工作方式	通电延时												
工作电压	AC 50Hz 36V, 110V, 127V, 220V, 380V, DC 24V												
重复误差	≤ 2.5%												
触点数量	延时 2 转换												
触点容量	AC 220V 5A, cos φ=1, DC 28V 5A												
电寿命	$1*10^5$												
机械寿命	$1*10^6$												
安装方式	装置式，面板式，外接式												
延时范围代号	1	5	10	30	60	120	180	300	600	900	1200	1800	3600
延时范围(s)	0.1~1	0.5~5	1~10	3~30	6~60	12~120	18~180	30~300	60~600	90~900	120~1200	80~1800	360~3600

（3）时间继电器的选用。

① 类型的选择。在要求延时范围大、延时准确度较高的场合，应选用电动式或电子式时间继电器。在延时精度要求不高、电源电压波动大的场合，可选用价格较低的电磁式或气囊式时间继电器。

② 线圈电压的选择。根据控制线路电压来选择时间继电器吸引线圈的电压。

③ 延时方式的选择。时间继电器有通电延时和断电延时两种，应根据控制线路的要求选择哪一种延时方式的时间继电器。

（4）时间继电器的安装使用和维护。

① 必须按接线端子图正确接线，核对继电器额定电压与实际的电源电压是否相符，直流型注意电源极性。

② 对于晶体管时间继电器，延时刻度不表示实际延时值，仅供调整参考。若需精确的延时值，需在使用时先核对延时数值。

③ JS7–A系列时间继电器由于无刻度，故不能准确地调整延时时间，同时气室的进排气孔也有可能被尘埃堵住而影响延时的准确性，应经常清除灰尘及油污。

④ JS7–A系列时间继电器只要将线圈转动180° 即可将通电延时方式改为断电延时方式。

⑤ JS11–□1系列通电延时继电器，必须在分断离合器电磁铁线圈电源时才能调节延时值；而JS11–□2系列断电延时继电器，必须在接通离合器电磁铁线圈电源时才能调节延时值。

⑥ JS20系列时间继电器与底座间有扣襻锁紧，在拔出继电器前先要扳开扣襻，然后缓缓拔出继电器。

（5）时间继电器的常见故障及检修方法。

时间继电器的常见故障及检修方法见表6.17。

表6.17 时间继电器的常见故障及检修方法

故障现象	产生原因	检修方法
延时触点不动作	1. 电磁铁线圈断线 2. 电源电压低于线圈额定电压很多 3. 电动式时间继电器的同步电动机绕组断线 4. 电动式时间继电器的棘爪无弹性，不能刹住棘齿 5. 电动式时间继电器游丝断裂	1. 更换线圈 2. 更换线圈或调高电源电压 3. 重绕电动机绕组或调换同步电动机 4. 更换新的合格的棘爪 5. 更换游丝
延时时间缩短	1. 空气阻尼式时间继电器的气室装配不严，漏气 2. 空气阻尼式时间继电器的气室内橡皮薄膜损坏	1. 修理或调换气室 2. 更换橡皮薄膜
延时时间变长	1. 空气阻尼式时间继电器的气室内有灰尘，使气道阻塞 2. 电动式时间继电器的传动机构缺润滑油	1. 清除气室内灰尘，使气道畅通 2. 加入适量的润滑油

077 中间继电器

中间继电器是用来转换控制信号的中间元件。其输入是线圈的通电或断电信号，输出信号为触点的动作。其主要用途是当其他继电器的触点数或触点容量不够时，可借助中间继电器来扩大它们的触点数或触点容量。

中间继电器的基本结构和工作原理与小型交流接触器基本相同，由电磁线圈、动铁芯、静铁芯、触点系统、反作用弹簧和复位弹簧等组成。

中间继电器的触点数量较多，并且无主、辅触点之分。各对触点允许通过的电流大小也是相同的，额定电流约为5A。在控制电动机额定电流不超过5A时，也可用中间继电器来代替换触器。

（1）中间继电器的型号。

常用的JZ系列中间继电器的型号含义为：

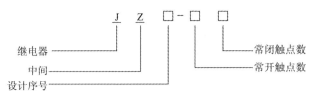

（2）中间继电器的主要技术参数。

中间继电器种类很多，常用的为JZ7系列，它适用于交流50Hz、电压至500V、电流至5A的控制电路，以控制各种电磁线圈。JZ7系列中间继电器的主要技术参数见表6.18。

表6.18　JZ7系列中间继电器的主要技术参数

型号	触点额定电压（V）	触点额定电流（A）	触点数量		吸引线圈电压（V）		操作频率（次/小时）	通电持续率	电寿命（万次）
			常开	常闭	50Hz	60Hz			
JZ7-22	交流50Hz或60Hz380直流440	5	2	2	12,24,36,48,110,127,220,380,420,440,500	12,36,110,127,220,380,440	1200	40%	100
JZ7-41			4	1					
JZ7-42			4	2					
JZ7-44			4	4					
JZ7-53			5	1或3					
JZ7-62			6	2					
JZ7-80			8	0					

（3）中间继电器的选用。

中间继电器的使用与接触器相似，但中间继电器的触点容量较小，一般不能在主电路中应用。中间继电器一般根据负载电流的类型、电压等级和触点数量来选择。

(078) 过电流继电器

过电流继电器的线圈串联在主电路中，常闭触点串接于辅助电路中，当主电路的电流高于容许值时，过电流继电器吸合动作，常闭触点断开，切断控制回路。过电流继电器主要用于重载或频繁启动的场合作为电动机和主电路的过载和短路保护，常用的有JT4、JL12和JL14等系列过电流继电器。

（1）过电流继电器的型号。

常用的JT4系列过电流继电器的型号含义为：

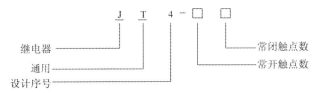

（2）过电流继电器的主要技术参数。

JT4系列过电流继电器的主要技术参数见表6.19。

表6.19　JT4系列过电流继电器的主要技术参数

型号	吸引线圈规格（A）	消耗功率(W)	触点数目（副）	复位方式		动作电流	返回系数
				自动	手动		
JT4–□□L	5，10，15，20，40，80，150，300，600	5	2常开 2常闭 或 1常开 1常闭	自动	—	吸引电流在线圈额定电流的110%~350%范围内调节	0.1~0.3
JT4–□□S				—	手动		—

（3）过电流继电器的选用。

① 过电流继电器线圈的额定电流一般可按电动机长期工作的额定电流来选择，对于频繁启动的电动机，考虑启动电流在继电器中的热效

应，额定电流可选大一级。

② 过电流继电器的整定值一般为电动机额定电流的1.7~2倍，频繁启动场合可取2.25~2.5倍。

（4）过电流继电器的安装使用和维护。

① 安装前先检查额定电流及整定值是否与实际要求相符。

② 安装时，需将电磁线圈串联于主电路中，常闭触点串联于控制电路中与接触器线圈连接。

③ 安装后在主触点不带电的情况下，使吸引线圈带电操作几次，检查继电器动作是否可靠。

④ 定期检查各部件有否松动及损坏现象，并保持触点的清洁和可靠。

079 速度继电器

速度继电器是一种可以按照被控电动机转速的大小使控制电路接通或断开的电器。速度继电器通常与接触器配合实现对电动机的反接制动。速度继电器主要由转子、定子和触点组成。

（1）速度继电器的型号。

JFZ0系列速度继电器的型号含义为：

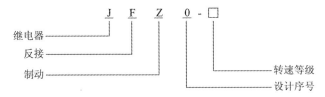

（2）速度继电器的主要技术参数。

常用的速度继电器有JY1型和JFZ0型。JY1型能在3000r/min以下可靠工作；JFZ0-1型适用于300~1000r/min，JFZ-2型适用于1000~3600r/min；JFZ0型有两对动合、动断触点。一般速度继电器转速在120r/min左右即能动作，在100r/min以下触点复位。见表6.20。

表6.20 JY1型和JFZ0型速度继电器的主要技术参数

型号	触点容量		触点数量		额定工作转速（r/min）	允许操作频率（次/小时）
	额定电压（V）	额定电流（A）	正转时动作	反转时动作		
JY1	380	2	1组转换触点	1组转换触点	100~3600	<30
JFZ0					300~3600	

（3）速度继电器的选用及使用。

① 速度继电器主要根据电动机的额定转速来选择。

② 速度继电器的转轴应与电动机同轴连接。安装接线时，正反向的触点不能接错，否则不能起到反接制动时接通和断开反向电源的作用。

080 预置数数显计数继电器

DH14J预置数数显计数继电器通常称计数器，适用于交流50Hz，额定工作电压有24V、36V、110V、127V、220V、380V或直流工作电压24V，该预置数数显计数继电器可按预置的数字接通或分断电路。

此计数器采用专用计数芯片、计数信号光电隔离、4位LED数字显示，计数范围为1~9999（×1、×10、×100倍率转换开关预置），它具有计数范围广、多种计数信号输入、计数性能稳定可靠等优点。

计数器因有记忆功能，需在通电前预置好数字和倍率关系，通电后预置的数字无效。如需重新预置数字，应在预置好后按复位按钮或断电时间大于0.5s后再接通电源。

接线端子①与②为电源，③、④、⑤为一组转换触点，且③、④为常开触点，③、⑤为常闭触点。⑦、⑨为外接4.5V电池，且⑦为正极，⑨为负极（如不需停电记忆功能，不需在⑦、⑨端子之间按接4.5V电池），⑧与11为复零输入端，⑩为计数信号输入。

触点信号输入计数时，如因输入触点接触不良或回跳导致误计数时，请在计数信号输入端⑨、⑩之间加1个1~4.7μF/50V电容器，⑩接电容器的正极，⑨接电容器的负极。

在强电场环境或复位导线较长时，应使用屏蔽导线，且复零端（⑧、⑩）切勿输入电压或接地，以免损坏继电器。

081 控制按钮

控制按钮又叫按钮或按钮开关，是一种短时接通或断开小电流电路的电器，它不直接控制主电路的通断，而在控制电路中发出"指令"去控制接触器、继电器等电器，再由它们去控制主电气回路。控制按钮的触点允许通过的电流一般不超过5A。控制按钮按用途和触点的结构不同分为停止按钮（常闭按钮）、启动按钮（常开按钮）和复合按钮（常开和常闭组合按钮）。控制按钮的种类很多，常用的有LA2、LA18、LA19和LA20等系列。

（1）控制按钮的型号。

常用按钮的型号含义为：

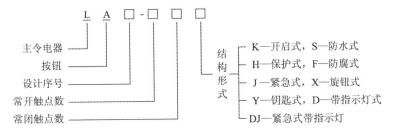

（2）控制按钮的主要技术参数。

常用控制按钮的主要技术参数见表6.21。

表6.21　常用控制按钮的主要技术参数

型号	额定电压（V）	额定电流（A）	结构形式	触点对数（副）		按钮颜色
				常开	常闭	
LA2			元件	1	1	黑、绿、红
LA10–2K			开启式	2	2	黑、绿、红
LA10–3K			开启式	3	3	黑、绿、红
LA10–2H			保护式	2	2	黑、绿、红
LA10–3H			保护式	3	3	红、绿、红
LA18–22J			元件（紧急式）	2	2	红
LA18–44J			元件（紧急式）	4	4	红
LA18–66J	500	5	元件（紧急式）	6	6	红
LA18–22Y			元件（钥匙式）	2	2	黑
LA18–44Y			元件（钥匙式）	4	4	黑
LA18–22X			元件（旋钮式）	2	2	黑
LA18–44X			元件（旋钮式）	4	4	黑
LA18–66X			元件（旋钮式）	6	6	黑
LA19–11J			元件（紧急式）	1	1	红
LA19–11D			元件（带指示灯）	1	1	红、绿、黄、蓝、黑

（3）控制按钮的选用。

① 根据使用场合选择按钮的种类。

② 根据用途选择合适的形式。

③ 根据控制回路的需要确定按钮数。

④ 按工作状态指示和工作情况要求选择按钮和指示灯的颜色。

（4）控制按钮的安装和使用。

① 将按钮安装在面板上时，应布置整齐，排列合理，可根据电动机启动的先后次序，从上到下或从左到右排列。

② 按钮的安装固定应牢固，接线应可靠。应用红色按钮表示停止，绿色或黑色表示启动或通电，不要搞错。

③ 由于按钮触点间距离较小，如有油污等容易发生短路故障，因此

应保持触点的清洁。

④ 安装按钮的按钮板和按钮盒必须是金属的，并设法使它们与机床总接地母线相连接，对于悬挂式按钮必须设有专用接地线，不得借用金属管作为地线。

⑤ 按钮用于高温场合时，易使塑料变形老化而导致松动，引起接线螺钉间相碰短路，可在接线螺钉处加套绝缘塑料管来防止短路。

⑥ 带指示灯的按钮因灯泡发热，长期使用易使塑料灯罩变形，应降低灯泡电压，延长使用寿命。

⑦ "停止"按钮必须是红色；"急停"按钮必须是红色蘑菇头式；"启动"按钮必须有防护挡圈，防护挡圈应高于按钮头，以防意外触动使电气设备误动作。

（5）控制按钮的常见故障及检修方法。

控制按钮的常见故障及检修方法见表6.22。

表6.22 控制按钮的常见故障及检修方法

故障现象	产生原因	检修方法
按下启动按钮时有触电感觉	1. 按钮的防护金属外壳与连接导线接触 2. 按钮帽的缝隙间充满铁屑，使其与导电部分形成通路	1. 检查按钮内连接导线，排除故障 2. 清理按钮及触点，使其保持清洁
按下启动按钮，不能接通电路，控制失灵	1. 接线头脱落 2. 触点磨损松动，接触不良 3. 动触点弹簧失效，使触点接触不良	1. 重新连接接线 2. 检修触点或调换按钮 3. 更换按钮
按下停止按钮，不能断开电路	1. 接线错误 2. 尘埃或机油、乳化液等流入按钮形成短路 3. 绝缘击穿短路	1. 更正错误接线 2. 清扫按钮并采取相应密封措施 3. 更换按钮

082 行程开关

行程开关又叫限位开关或位置开关，其作用与按钮开关相同，只是触点的动作不靠手动操作，而是用生产机械运动部件的碰撞使触点动作来实现接通或分断控制电路，达到一定的控制目的。通常，这类开关被用来限制机械运动的位置或行程，使运动机械按一定位置或行程自动停止、反向运动、变速运动或自动往返运动等。

行程开关由操作头、触点系统和外壳组成。可分为按钮式（直动式）、旋转式（滚动式）和微动式3种。

（1）行程开关的型号。

LX系列行程开关的型号含义为：

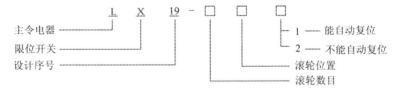

（2）行程开关的主要技术参数。

LX19和JLXK1系列行程开关的主要技术参数见表6.23。

表6.23 LX19和JLXK1系列行程开关的主要技术参数

型号	额定电压（V）	额定电流（A）	结构形式	触点对数		工作行程	超行程
				常开	常闭		
LX19K	交流 380 直流 220	5	元件	1	1	3mm	1mm
LX19–001			无滚轮，仅用传动杆，能自动复位	1	1	<4mm	>3mm

型号	额定电压（V）	额定电流（A）	结构形式	触点对数 常开	触点对数 常闭	工作行程	超行程
LXK19– 111	交流 380 直流 220	5	单轮，滚轮装在传动杆内侧，能自动复位	1	1	≈ 30 度	≈ 20 度
LX19– 121			单轮，滚轮装在传动杆外侧，能自动复位	1	1	≈ 30 度	≈ 20 度
LX19– 131			单轮，滚轮装在传动杆凹槽内	1	1	≈ 30 度	≈ 20 度
LX19– 212			双轮，滚轮装在 U 形传动杆内侧，不能自动复位	1	1	≈ 30 度	≈ 15 度
LX19– 222			双轮，滚轮装在 U 形传动杆外侧，不能自动复位	1	1	≈ 30 度	≈ 15 度
LX19– 232			双轮，滚轮装在 U 形传动杆内外侧各一，不能自动复位	1	1	≈ 30 度	≈ 15 度
JLXK1– 111	交流 500	5	单轮防护式	1	1	12 度 ~ 1 5 度	≤ 30 度
JLXK1– 211			双轮防护式	1	1	≈ 45 度	≤ 45 度

续表 6.23

型号	额定电压（V）	额定电流（A）	结构形式	触点对数		工作行程	超行程
				常开	常闭		
JLXK1–311	交流 500	5	直动防护式	1	1	1~3mm	2~4mm
JLXK1–411			直动滚轮防护式	1	1	1~3mm	2~4mm

（3）行程开关的选用。

① 根据应用场合及控制对象选择种类。

② 根据机械与行程开关的传力与位移关系选择合适的操作头形式。

③ 根据控制回路的额定电压和额定电流选择系列。

④ 根据安装环境选择防护形式。

（4）行程开关的安装和使用。

① 行程开关应紧固在安装板和机械设备上，不得有晃动现象。

② 行程开关安装时位置要准确，否则不能达到位置控制和限位的目的。

③ 定期检查行程开关，以免触点接触不良而达不到行程和限位控制的目的。

(083) 凸轮控制器

凸轮控制器主要用于起重设备中控制中小型绕线转子异步电动机的启动、停止、调速、换向和制动，也适用于有相同要求的其他电力拖动场合，如卷扬机等。

当手轮向左旋转时，电动机正转；手轮向右旋转时电动机反转。图中每一条横线代表一对触点，每一条竖线代表一个档次，左右各有5挡，中间为零位。横线和竖线交叉处的"×"符号表示触点接通。例如，当凸轮控制器手轮由零位向左旋转一个档次时，在标明1数字的竖线与横线之间交叉点上有"×"符号，从这3条横线看过去，即表示触点SA1、SA3、SA11接通，SA10、SA12则由接通状态变为断开状态。由于凸轮控制器的触点具有这样的组合功能，因此不但能控制电动机的正反转、启动、停止，还可通过手轮的转动，逐一短接一部分电阻，直至最后全部切除电阻，达到调整电动机转速的目的。

（1）凸轮控制器的型号。

凸轮控制器的型号含义为：

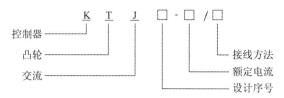

（2）凸轮控制器的主要技术参数。

常用的凸轮控制器的主要技术参数见表6.24。

表6.24 凸轮控制器的主要技术参数

型号	额定电流（A）	位置数		转子最大电流（A）	最大功率（kW）	额定操作频率（次/小时）
		左	右			
KT14–25J/1		5	5	32	11	
KT14–25J/2	25	5	5	2*32	2*5.5	600
KT14–25J/3		1	1	32	5.5	
KT14–60J/1		5	5	80	30	
KT14–60J/2	60	5	5	2*32	2*11	600
KT14–60J/4		5	5	2*80	2*30	

（3）凸轮控制器的选用。

根据电动机的容量、额定电压、额定电流和控制位置数目来选择凸轮控制器。

（4）凸轮控制器的安装和使用。

① 安装前检查凸轮控制器铭牌上的技术数据与所选择的规格是否相符。

② 按接线图正确安装控制器，确定正确无误后方可通电，并将金属外壳可靠接地。

③ 首次操作或检查后试运行时，如控制器转到第2位置后，仍未使电动机转动，应停止启动，查明原因，检查线路并检查制动部分及机构有无卡住等现象。

④ 试运行时，转动手轮不能太快，当转到第1位置时，使电动机转速达到稳定后，经过一定的时间间隔（约1s），再使控制器转到另一位置，以后逐级启动，防止电动机的冲击电流超过电流继电器的整定值。

⑤ 使用中，当降落重负荷时，在控制器的最后位置可得到最低速度，如不是非对称线路的控制器，不可长时间停在下降第1位置，否则载荷超速下降或发生电动机转子"飞车"的事故。

⑥ 不使用控制器时，手轮应准确地停在零位。

⑦ 凸轮控制器在使用中，应定期检查触点接触面的状况，经常保持触点表面清洁、无油污。

⑧ 触点表面因电弧作用而形成的金属小珠应及时去除，当触点严重磨损使厚度仅剩下原厚度的1/3时，应及时更换触点。

084 电压换相开关和电流换相开关

（1）旋转式电压换相开关。

电工为了工作的方便，有时应用一只电压表通过电压换相开关分别测得三相线间的电压，以监视三相电压值是否平衡，使用起来极为方便。

旋转式电压换相开关当M1与黄、M2与红接触时，可测得CA两线间的电压U_{CA}；当M1与黄、M2与绿接通时，可测量AB两线间的电压U_{AB}；当M1与绿、M2与红接通时，可测量BC两线间的电压U_{BC}。

使用旋转式电压换相开关要注意以下几点。

① 这种换相开关适用于测量380V的三相交流电压，它与380V的交流

电压表配套使用，切勿用于直流上。

② 旋转式电压换相开关应安装在配电柜操作台上方，竖直安装，以便操作。

（2）旋转式电流换相开关。

在配电装置上，常用一只电流表配接两只与电流表配套的电流互感器，再接到旋转式电流转换开关上，便具有能分别测量三相电流的功能，使用起来非常方便，它可监视三相电流是否平衡，特别是对大容量的电动机，可用一只电流表监视三相电流。

旋转式电流换相开关的接线一般有两种方式，当旋转开关旋到黄与M1接通，绿与红接通时，测量A相电流；当旋转到黄与绿接通，红与M1接通时，测量C相电流；当旋转到黄与M1、红共同接通时，测量B相电流。当开关旋转到红、绿与N接通，黄与M接通时，测量A相电流；当开关旋转到绿、黄与N接通，红与M接通时，测量C相的电流；当红、黄、M与N互相接通时，测量的电流为B相；当红、黄、绿与N接通时，开关处于空挡位置。

在使用旋转式电流换相开关时要注意以下几点。

① 旋转式电流转换开关在安装接线时，互感器一端必须可靠接地，以防产生高压。

② 利用这种旋转开关只用两只电流互感器便可测得三相电流。

③ 在接旋转式电流换相开关时，必须接线可靠，在接线前还应检查换相开关的内部触点，必须接触良好方能接线。

（085）星－三角启动器

星–三角启动器是一种减压启动设备，适用于运行时为三角形接法的三相笼型感应电动机的启动。电动机启动时将定子绕组接成星形，使加在每相绕组上的电压降到额定电压的$1/\sqrt{3}$，电流降为三角形直接启动的1/3；待转速接近额定值时，将绕组换接成三角形，使电动机在额定电压下运行。

（1）星－三角启动器的型号。

星－三角启动器的型号含义为：

（2）星－三角启动器的主要技术参数。

常用的启动器有QX1、QX2、QX3、QX4等系列，QX1、QX2为手动式，QX3、QX4为自动式。QX1、QX3系列星－三角启动器的主要技术参数见表6.25和表6.26。

表6.25　QX1系列星－三角启动器的主要技术参数

型号	额定电流（A）	被控电动机最大功率（kW）		启动时间（s）			正常操作频率（次／小时）
		220V	380V	最短	最长	每次间隔时间	
QX1–13	16	7.5	13	11	15	120	30
QX1–30	40	17	30	15	25	120	30

表6.26　QX3系列星－三角启动器的主要技术参数

型号	被控电动机最大功率（kW）			热继电器电流（A）		启动延时时间（s）	最高操作频率(次/小时）
	220V	380V	500V	额定电流	整定电流调节范围		
QX3–13	7.5	13	13	11	6.8~11	4~16	30 两次启动间隔大于90s
				16	10~16		
				22	14~22		

| 型号 | 被控电动机最大功率（kW） | | | 热继电器电流（A） | | 启动延时时间（s） | 最高操作频率（次/小时） |
	220V	380V	500V	额定电流	整定电流调节范围		
QX3-30	17	30	30	32	20~32	4~16	30 两次启动间隔大于90s
				45	28~45		

（3）星-三角启动器的安装和使用。

① QX1启动器的启动时间，用于13kW以下电动机时为11~15s，每次启动完毕到下一次启动的间歇时间不得小于2min。

② QX1系列星-三角启动器可以水平或垂直安装，但不得倒装。

③ 启动器金属外壳必须接地，并注意防潮。

④ QX1系列为手动空气式星-三角启动器，当需操作电动机启动时，将手柄扳到"Y"位置，电动机接成星形启动，待转速正常后，将手柄迅速扳到"△"位置，电动机接成三角形运行。停机时，将手柄扳到"0"位置即可。

⑤ QX1系列启动器没有保护装置，应配以保护电器使用。

⑥ QX3利QX4系列为自动星-三角启动器，由3个交流接触器、一个三相热继电器和一个时间继电器组成，外配一个启动按钮和一个停止按钮。操作时，只按动一次启动按钮，便由时间继电器自动延迟启动时间，到事先规定的时间，便自动换接成三角形正常运行。热继电器作电动机过载保护，接触器兼作失压保护。

⑦ 星-三角启动器仅适用于空载或轻载启动。

086 自耦减压启动器

自耦减压启动器又叫补偿器，是一种减压启动设备，常用来启动额定电压为220V/380V的三相笼型感应电动机。自耦减压启动器采用抽头式自耦变压器作减压启动，既能适应不同负载的启动需要，又能得到比星–三角启动时更大的启动转矩，并附有热继电器和失压脱扣器，具有完善的过载和失电压保护，应用非常广泛。

自耦减压启动器有手动和自动两种。手动自耦减压启动器由外壳、自耦变压器、触点、保护装置和操作机构等部分组成。

（1）自耦减压启动器的型号。

自耦减压启动器的型号含义为：

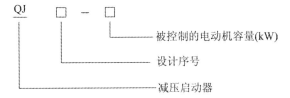

（2）自耦减压启动器的主要技术参数。

QJ3系列充油式手动自耦减压启动器和QJ10系列空气式手动自耦减压启动器，适用于电压380V、功率在75kW以下的Y/△系列三相异步电动机，作不频繁的降压启动开关。它们的主要技术参数见表6.27和表6.28。

表6.27　QJ3系列自耦减压启动器的主要技术参数

型号	电压 220V 50（60）Hz				电压 380V 50（60）Hz			
	控制电动机功率（kW）	额定工作电流（A）	热保护额定电流（A）	最大启动时间（s）	控制电动机功率（kW）	额定工作电流（A）	热保护额定电流（A）	最大启动时间（s）
QJ3-I				30	10	22	20	30
	8	29	32		14	30	32	
	10	37	45	40	17	38	45	40
	11	40	45		20	40	45	

续表 6.27

型号	电压 220V 50（60）Hz				电压 380V 50（60）Hz			
	控制电动机功率（kW）	额定工作电流（A）	热保护额定电流（A）	最大启动时间（s）	控制电动机功率（kW）	额定工作电流（A）	热保护额定电流（A）	最大启动时间（s）
QJ3–II	14	51	63	40	22	48	63	40
	15	54	63		28	59	63	
					30	63	63	
QJ3–III	20	72	85	60	40	85	85	60
	25	91	120		45	100	120	
	30	108	120		55	120	160	
	40	145	160		75	145	160	

表6.28　QJ10系列自耦减压启动器的主要技术参数

额定电压 UN（V）	380
控制电动机功率（kW）	10，13，17，22，30，40，55，75
通断能力	1.05UN，cos φ =0.4，8IN20 次
过载保护整流电流（A）	20.5，25.7，34，43，58，77，105，42
最大启动时间（s）	30，40，60
电寿命（次）	接 通 UN，4.5IN，cos φ =0.4，　分 断 1/6UN，IN，cos φ =0.4 条件下：5000 次
机械寿命（万次）	1
操作力（N）	150，250
接线	自耦变压器有 65%UN 及 80%UN 二挡抽头

续表 6.28

失电压保护特性	≥75%UN 启动器能可靠工作，≤35%UN 启动器保证脱扣，切断电源
过载及断相保护	120%UN 不大于 20min 动作，断相时，另两相电流达 115%IN 时在 20min 内动作

（3）自耦减压启动器的选用。

① 额定电压≥工作电压。

② 工作电压下所控制的电动机最大功率≥实际安装的电动机的功率。

（4）自耦减压启动器的操作。

自耦减压启动器具有结构紧凑、不受电动机绕组接线方式限制、价格低廉等优点。当启动电动机时，将刀柄推向"启动"位置，此时，三相交流电源通过自耦变压器减压后与电动机相连接。待启动完毕后，把刀柄打向"运行"位置，切除自耦变压器，使电动机直接接到三相电源上，电动机正常运转。此时吸合线圈KV得电吸合，通过连锁机构保持刀柄在运行位置。停转时，按下SB按钮即可停止电动机运行。

（5）自耦减压启动器安装和使用注意事项。

① 使用前，启动器油箱内必须灌注绝缘油，油加至规定的油面线高度，以保证触点浸没于油中。启动器油箱安装不得倾斜，以防绝缘油外溢。要经常注意变压器油的清洁，以保持绝缘和灭弧性能良好。

② 启动器的金属外壳必须可靠接地，并经常检查接地线，以保障电气操作人员的安全。

③ 使用启动器前，应先把失压脱扣器铁芯主极面上涂有的凡士林或其他油用棉布擦去，以免造成因油的黏度太大而使脱扣器失灵的事故。

④ 使用时，应在操作机构的滑动部分添加润滑油，使操作灵活方便，保护零件不致生锈。

⑤ 启动器内的热继电器不能当作短路保护装置用，因此应在启动器进线前的主回路上串装3只熔断器，进行短路保护。

⑥ 自耦减压启动器里的自耦变压器可输出不同的电压，如因负荷太重造成启动困难时，可将自耦变压器抽头换接到输出电压较高的抽头上面使用。

⑦ 电动机如要停止运行时，可按停止按钮SB；如需远距离控制电动机停止时，可在线路控制回路中串接一个常闭按钮即可。

⑧ 启动器的功率必须与所控制电动机的功率相当。遇到过流使热继电器动作后，应先排除故障，再将热继电器手动复位，以备下次启动电动机时使用。有的热继电器调到了自动复位，就不必用手动复位，只需等数分钟后再启动电动机。

⑨ 自耦减压补偿启动器在安装时，如果配用的电动机的电流与补偿器上的热继电器调节的不一致，可旋动热继电器上的调节旋钮作适当调节。

⑩ 要定期检查触点表面，发现触点烧毛，应用细锉刀锉光。如果触点严重烧坏，应更换同型号的触点。

087 磁力启动器

磁力启动器是一种全压启动设备，由交流接触器和热继电器组装在铁壳内，与控制按钮配套使用，用来对三相鼠笼型电动机作直接启动或正反转控制。磁力启动器具有失压和过载保护功能，如果在电动机的主回路中加装带熔丝的闸刀开关作隔离开关，则还具有短路保护功能。

磁力启动器可以控制75kW及以下的电动机作频繁直接启动，操作安全方便，可远距离操作，应用广泛。磁力启动器分为可逆启动器和不可逆启动器两种。可逆启动器一般具有电气及机械连锁机构，以防止误操作或机械撞击引起相间短路，同时，正、反向接触器的可逆转换时间应大于燃弧时间，保证转换过程的可靠进行。

（1）磁力启动器的型号。

常用的磁力启动器有QC8、QC10、QC12和QC13等系列。

它们的型号含义为：

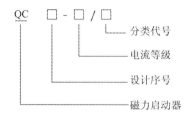

（2）磁力启动器的主要技术参数。

常用QC10系列磁力启动器的主要技术参数见表6.29。

表6.29　QC10系列磁力启动器的主要技术参数

型号	额定电流（A）	配用接触器型号CJ10系列	配用热继电器型号JR15系列	额定电压（V）	辅助触点		可控电动机最大功率（kW）	
					额定电流（A）	数量	220V	380V
QC10-1	5	5	10	交流36，110，127，220，380 直流48，110，220	交流36，110，127，220，380 直流48，110，220	5	1.2	2.2
QC10-2	10	10	20				2.2	4
QC10-3	20	20	40				5.5	10
QC10-4	40	40	40				11	20
QC10-5	60	60	100				17	30
QC10-6	100	100	100				29	50
QC10-7	150	150	150				47	75

（3）磁力启动器的选用。

① 磁力启动器的选择主要是额定电流的选择和热继电器整定电流的调节，即磁力启动器的额定电流（也是接触器的额定电流）和热继电器热元件的额定电流应略大于电动机的额定电流。

② 磁力启动器的额定电压应等于或大于工作电压。

③ 工作电压下所控制的电动机最大功率大于或等于实际安装的电动机功率。

（4）磁力启动器的安装和使用。

① 磁力启动器应垂直安装，倾斜不应大于5°。磁力启动器的按钮距地面以1.5m为宜。

② 检查磁力启动器内的热继电器的热元件的额定电流是否与电动机的额定电流相符，并将热继电器电流调整至被保护电动机的额定电流。

③ 磁力启动器所有接线螺钉及安装螺钉都应紧固，并注意外壳应有良好接地。

④ 启动器上热继电器的热元件的额定工作电流大于启动器的额定工作电流时，其整定电流的调节不得超过启动器的额定工作电流。

⑤ 启动器的热继电器动作后、必须进行手动复位。

⑥ 磁力启动器使用日久会由于积尘发出噪声，可断电后用压缩空气或小毛刷将衔铁极面的灰尘清除干净。

⑦ 未将灭弧罩装在接触器上时，严禁带负荷启动综合启动器开关，以防弧光短路。

088 电磁调速控制器

电磁调速控制器用于电磁调速电动机（滑差电动机）的速度控制，实现恒转矩无级调速。

（1）电磁调速控制器的工作原理。

常用的JD1A系列电磁调速控制器由速度调节器、移相触发器、晶闸管整流电路及速度负反馈等环节所组成。

速度指令信号电压和速度负反馈信号电压比较后，其差值信号被送入速度调节器进行放大，放大后的信号电压与锯齿波相叠加，控制了晶体管的导通时间，产生了随着差值信号电压改变而移动的脉冲，从而控制了晶闸管的导通角，使滑差离合器的励磁电流得到了控制，即滑差离合器的转速随着励磁电流的改变而改变。由于速度负反馈的作用，滑差电动机实现恒转矩无级调速。

（2）JD1系列电磁调速控制器型号。

JD1系列电磁调速控制器的型号含义为：

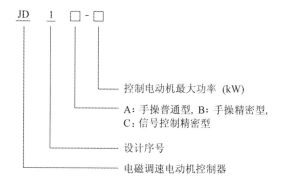

（3）电磁调速控制器的主要技术参数。

JD1A系列电磁调速控制器的主要技术参数见表6.30，JZT系列电磁调速控制器的主要技术参数见表6.31。

表6.30　JD1A系列电磁调速控制器的主要技术参数

型号	JD1A-11	JD1A-40	JD1A-90
电源电压	~220V+-10% 50~60Hz		
最大输出定额 （直流90V）	3.15A	5A	8A
可控制电动机功率 （kW）	0.55~11	11~40	40~90
测速发电机	单相或三相中频电压转速比为≥ 2V/（100r/min）		
转速变化率	≤ 3%		
稳速精度	≤ 1%		
调速范围	10∶1		3∶1

表6.31　JZT系列电磁调速控制器的主要技术参数

型号	JZT	ZLK	ZTK
电源电压	~220V+-10% 50~60Hz		
最大输出定额（直流90V）	5A	5A	3.15~8A
可控制电动机功率（kW）	0.55~30	0.55~40	0.6~40
测速发电机	单相或三相中频电压转速比为≥ 2V/（100r/min）		
额定转速时的转速变化率	≤ 3%		
稳速精度	≤ 1%		

（4）JD1A、JD1B型电磁调速控制器的接线。

JD1A、JD1B型电磁调速控制器的接线非常方便，所有输入、输出线都通过面板下方的七芯航空插座进行连接。

（5）JD1A、JD1B型电磁调速控制器的试运行。

① JD1A、JD1B型电磁调速控制器应正确接线。

② 接通电源，合上面板上的主令开关，当转动面板上的转速指令电位器时，用100V以上的直流电压表测量面板上的输出量测点应有0~90V的突跳电压（因测速反馈未加入时的开环放大倍数很大），则认为开环时工作基本正常。

③ 启动交流异步电动机（原动机）使系统闭环工作，此时电动机的输出转速应随面板上转速指令电位器的转动而变化。

（6）JD1A、JD1B型电磁调速控制器的安装使用和维护。

① 在测试开环工作状况时，七芯航空插座的3、4芯接入负载后，输出才是0~90V的突跳电压；如果不接负载，输出电压可能不在上述范围内。

② 面板上的反馈量调节电位器应根据所控制的电动机进行适当调节。反馈量调节过小，会使电动机失控；反馈量调节过大，会使电动机只能低速运行，不能升速。

③ 面板上的转速表校准电位器在校正好后应将其锁定。否则，如果

其逆时针转到底时，会使转速表不指示。

④ 运行中，若发现电动机输出转速有周期性的摆动，可将七芯插头上接到励磁线圈的3、4线对调；对JD1B型，应调节电路板上的"比例"电位器，使之与机械惯性协调；以达到更进一步的稳定。

⑤ 元件损坏时，应及时更换。在更换元件时，需小心进行，使用电烙铁不得大于45W，焊接时间不超过5s，注意防止印制电路板铜箔脱落。元件修补完毕，应用酒精清洁一下，然后敷一层稀薄的万用胶。

089 断火限位器和频敏变阻器

（1）断火限位器。

断火限位器广泛应用在工矿的起重行车上，在行车上下升降时，限制最高位或最低位的极限。即使接触器的动静触点熔焊在一起，它也能起到保护限位作用。

断火限位器的工作原理是：上下行程超过限位行程后，由导程器连杆推动断火限位器控制杆，使它向前或向后移动，从而将通入断火限位器里的三相电源线断开两根，迫使电动机停转。

使用断火限位器应注意以下几点。

① 接线时，按照线路图所示先接好5根电源线，再把电动机负荷线接在断火限位器的接线端子上。

② 在使用断火限位器前，要调整导程器的挡板，使行车的吊钩在上到最高位或最低位时都能正好撞击导程器动作（因挡板是固定在导程器连杆上的），从而使导程器在动作后能拉动或推动断火限位器连动杆，最后使断火限位器动作，断开电动机主电源。

③ 如果导程器在动作后电动机能够停转，但在换相后电动机却不能重新向反方向运转，说明断火限位器控制点接反，任意换接一下电动机三相电源线中的两根导线即可。

（2）频敏变阻器。

频敏变阻器用在绕线式电动机中，它与转子绕组串联，可以平稳启动电流。频敏变阻器是一种无触头电磁元件，类似一个铁芯损耗特别大的三相电抗器，它的特点是阻抗随通过电流的频率变化而改变。由于频敏变阻器是串接在绕线式电动机的转子电路里，在启动过程中，变阻器的阻抗将随着转子电流频率的降低而自动减小，电动机平稳启动之后，再短接频敏变阻器，使电动机正常运行。频敏变阻器由数片厚钢板和线圈组成，线圈为星形接法，该线路可以自动控制和手动控制。

采用自动控制时，将转换开关SA扳到自动位置（A），然后按下启动按钮SB$_1$，KM$_1$获电动作，其常开辅助触点闭合自锁，电动机转子电路串入频敏变阻器RF启动。同时时间继电器KT线圈获电动作，当时间继电器KT达到整定时间后，其延时闭合的常开触头闭合，中间继电器KA线圈获电动作，它的常开触点闭合，使接触器KM$_2$线圈获电动作，接触器KM$_2$的常闭触点断开，使时间继电器KT断电，同时KM$_2$常开触头闭合，将频敏变阻器RF短接，启动过程结束。启动过程中，中间继电器KA的两副常闭触点将热继电器FR的发热元件短接，以免因启动过程较长而使热继电器过热产生误动作；启动结束后，中间继电器KA的线圈获电动作，它的两副常闭触点分断，热继电器FR的热元件又接入主电路工作。

第7章 变压器

090 变压器的原理

（1）变压器的作用。

变压器按照用途不同可以分为很多种，它可以说是照明、电子设备、动力机械等的基础，作用很大，变压器实物如图7.1所示。

（a）输配电用变压器

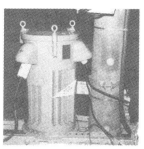

（b）柱上变压器

图7.1　各种变压器

（2）变压器的原理。

如图7.2所示，变压器是铁心上绕有绕组（线圈）的电器，一般把接于电源的绕组称为一次绕组，接于负荷的绕组称为二次绕组。

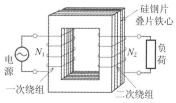

图7.2　变压器的基本电路

图7.3中，给一次绕组施加直流电压时，仅当开关开闭瞬间，才使电灯亮一下。这是因为仅当开关开闭时才引起一次绕组中电流变化,使贯穿二次绕组的磁通发生变化，靠互感作用在二次绕组中感应出电势。

图7.3（b）是一次绕组施加交流电压的情况，交流电压大小和正负

方向随时间而变化，故因此而生的磁通也随电压变化，这就在二次绕组
不断感应出电势，使电灯一直发亮。

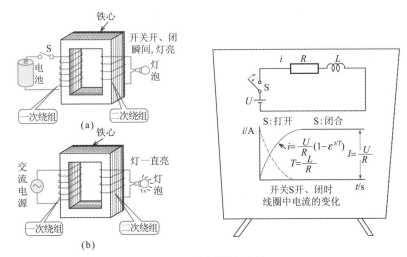

图7.3 变压器的原理

091 变压器的结构

（1）按铁心和绕组的配置分类。

变压器基本上由铁心和绕组组成，图7.4所示为铁心部分和绕组部
分，图7.5所示为使用绝缘油的变压器的剖面图。按照变压器铁心和绕组
的配置来分类，可分为心式和壳式两种。

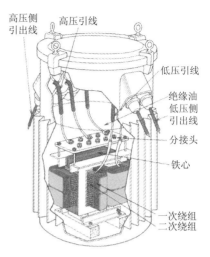

图7.4　变压器的铁心和绕组　　　　图7.5　变压器剖面图

　　图7.6（a）所示为心式铁心，结构特点是外侧露出绕组，而铁心在内侧，从绕组绝缘考虑，这种安置合适，故适用于高电压。图7.6（b）所示为壳式铁心，在铁心内侧安放绕组，从外侧看得见铁心，它适用于低电压大电流的场合。

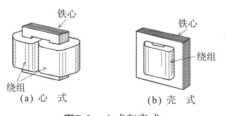

图7.6　心式和壳式

　　（2）铁心。

　　变压器铁心通常使用饱和磁通密度高、磁导率大和铁耗（涡流损耗和磁滞损耗）少的材料（图7.7）。

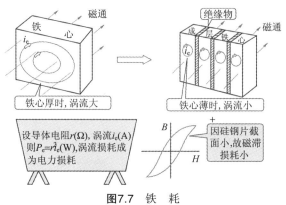

图7.7 铁 耗

硅含有率为4%~4.5%的S级硅钢片是广为应用的材料。厚度为0.35mm，为了减少涡流损耗，需一片一片地涂以绝缘漆，将这种硅钢片叠起来就成为铁心，称为叠片铁心。图7.8所示为硅钢片铁心装配过程。

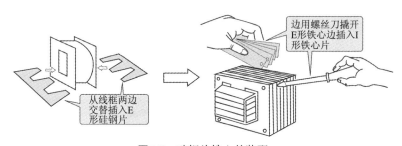

图7.8 硅钢片铁心的装配

将硅钢片进行特殊加工，使压延方向的磁导率大，这样处理后的硅钢片称为取向性硅钢片。沿压延方向通过磁通时，比普通硅钢片的铁耗小，磁导率也大。用取向性硅钢带做成的变压器是图7.9所示的卷铁心结构，目的是使磁通和压延方向一致。卷铁心先整体用合成树脂胶合，再在两处切断，放入绕组后，再将铁心对接装好。图7.10所示为切成两半装好的卷铁心（又称对接铁心）。卷铁心通常用于如柱上变压器那样的中型变压器中。

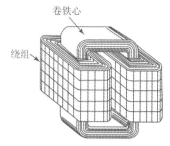

图7.9 用取向性硅钢带做成的卷铁心变压器 　　**图7.10** 对接铁心

（3）绕组。

绕组的导线用软铜线、圆铜线和方铜线（图7.11）。

（a）绕组绕制方法 　　　　　　　　　（b）铜线示例

图7.11 绕组绕制方法和铜线示例

图7.12所示为中型、大型变压器的绕组情况，有圆筒式和饼式绕法。一次绕组和二次绕组和铁心之间的绝缘层和牛皮纸、云母纸或硅橡胶带等。

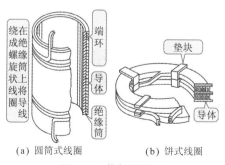

（a）圆筒式线圈 　　　　（b）饼式线圈

图7.12 绕好的线圈

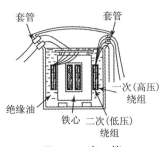

套管　套管

一次(高压)绕组

绝缘油

铁心　二次(低压)绕组

图7.13　套　管

（4）外套和套管。

油浸变压器的外箱由于安放铁心、绕组和绝缘物，故主要用软钢板焊接而成。

为了把电压引入变压器绕组，或从绕组引出电压，需将导线和外箱数绝缘，为此要用瓷套管（图7.13）。高电压套管常用充油套管和电容型套管。

092 变压器的电压和电流

（1）理想变压器的电压、电流和磁通。

如在前面变压器原理中所介绍的那样，忽略了一次、二次绕组的电阻、漏磁通以及铁耗等，变压器就可称为理想变压器（图7.14）。

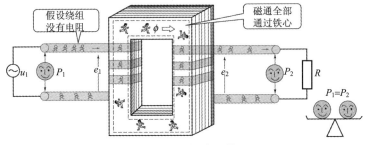

假设绕组没有电阻

磁通全部通过铁心

P_1　　P_2　　R

$P_1=P_2$

图7.14　理想变压器

图7.15中，一次绕组施加交流电压u_1（V），二次绕组两端开放称为空载。图7.15中一次绕组中电流i_0流过，铁心中就产生主磁通φ，因而把i_0称为励磁电流。若忽略绕组电阻，则它只有感抗，故i_0及φ的相位滞后电源电压相位$\pi/2$（rad）。另外，u_1和一次、二次感应电势e_1、e_2的相位关系是$u_1=-e_1$，即为反相位，而e_1与e_2为同相位。以e_1为基准，它们的关系如图7.15（b）所示，图7.15（c）是矢量图（$\dot{U}_1$、$\dot{E}_1$、$\dot{E}_2$、$\dot{I}_0$、$\dot{\varphi}$为u_1、e_1、e_2、i_0、φ的矢量）。

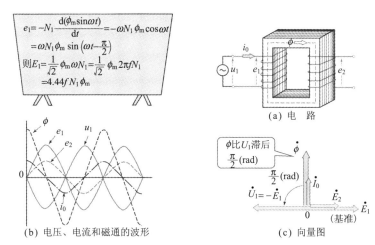

(a) 电 路

(b) 电压、电流和磁通的波形

(c) 向量图

图7.15 空载时的电路、波形和向量图

图7.16所示为二次绕组加上负荷，即变压器负荷状态（图中，u_1、e_1、i_1、i_0用向量$\dot{U}_1$、$\dot{E}_1$、$\dot{I}_1$、$\dot{I}_0$表示）。二次绕组N_2中的负荷电流为

$$\dot{I}_2 = \frac{\dot{E}_2}{\dot{Z}}$$

由于$\dot{I}_2$的作用，二次绕组产生新的磁势$N_2\dot{I}_2$，它有抵消主磁通的作用。为了使主磁通不被抵消，一次绕组将有新的电流流入，使一次绕组产生磁势$N_2\dot{I}_1{}'$，$N_2\dot{I}_2 + N_1\dot{I}_1{}' = 0$，称$\dot{I}_1{}'$为一次负荷电流。

这样，有负载时一次全电流$\dot{I}_1$将为

$$\dot{I}_1 = \dot{I}_1{}' + \dot{I}_0$$

图7.16（b）用向量图表示了上述关系。

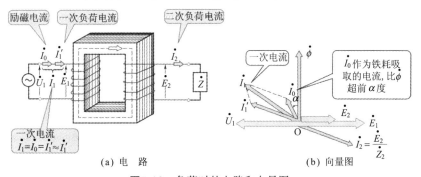

(a) 电 路

(b) 向量图

图7.16 负荷时的电路和向量图

（2）实际变压器有绕组电阻和漏磁通。

实际变压器中，一次、二次绕组有电阻，铁心中有铁耗。另外，一次绕组电流产生的磁通，并不都全部交链二次绕组，而产生漏磁通φ_{11}和φ_{12}（图7.17）。

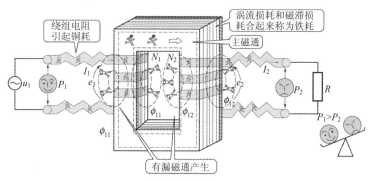

图7.17 实际的变压器

若实际变压器中，一次、二次绕组电阻为r_1、r_2，则在r_1、r_2上的铜耗产生电压降。这里，φ_{11}只交链一次绕组，只在一次绕组中感应电势，只在一次绕组中产生电压降。同样，φ_{12}只在二次绕组产生电压降。

因此，实际变压器可用一次、二次绕组电阻r_1、r_2分别和一次漏电抗x_1，二次漏电抗x_2相串联的电路来表示，如图7.18（a）所示，图中$\dot{U}_1{}'$称为励磁电压，且$\dot{U}_1{}' = -\dot{E}_1$。图7.18（b）所示为该电路的电压电流关系的向量图。

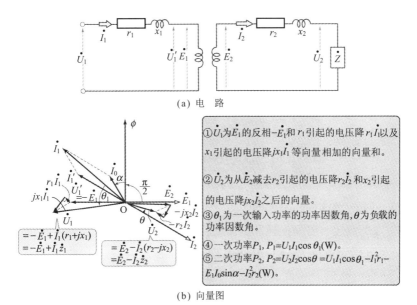

(a) 电 路

①$\dot{U}_1$为$\dot{E}_1$的反相$-\dot{E}_1$和r_1引起的电压降$r_1\dot{I}_1$以及x_1引起的电压降$jx_1\dot{I}_1$等向量相加的向量和。

②$\dot{U}_2$为从$\dot{E}_2$减去r_2引起的电压降$r_2\dot{I}_2$和x_2引起的电压降$jx_2\dot{I}_2$之后的向量。

③θ_1为一次输入功率的功率因数角,θ为负载的功率因数角。

④一次功率P_1,$P_1=U_1I_1\cos\theta_1$(W)。

⑤二次功率P_2,$P_2=U_2I_2\cos\theta=U_1I_1\cos\theta_1-I_1^2r_1-E_1I_0\sin\alpha-I_2^2r_2$(W)。

$=-\dot{E}_1+\dot{I}_1(r_1+jx_1)$
$=-\dot{E}_1+\dot{I}_1\dot{z}_1$

$=\dot{E}_2-\dot{I}_2(r_2-jx_2)$
$=\dot{E}_2-\dot{I}_2\dot{z}_2$

(b) 向量图

图7.18 实际变压器的电路和向量图

093 规格和损耗

（1）使用变压器时要注意规格。

变压器有使用上的限度，即额定值。额定值包括功率、电压、电流、频率和功率因数等，这些都表示在贴于变压器箱体上的铭牌上（图7.19）。

额定容量（也称额定输出功率）是指在标牌中的额定频率及额定功率因数一般为100％情况下，二次侧输出端得到的视在功率，即

额定容量 =（额定二次电压）×（额定二次电流）

单位用伏安（V·A）、千伏安（kV·A）或兆伏安（MV·A）表示。

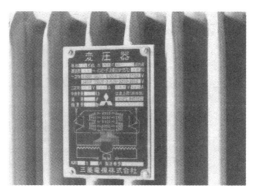

图7.19　变压器的铭牌

（2）铜耗、磁滞损耗和涡流损耗。

变压器无旋转部分，因此无摩擦等机械损耗，但有铁心产生的铁耗，还有电流流过一次、二次绕组而产生的铜耗（图7.20）。根据变压器是否带有负荷，这些损耗可分为空载损耗和负荷损耗。

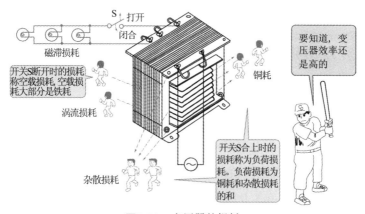

图7.20　变压器的损耗

① 空载损耗。

在低压侧施加额定电压，高压侧不接负荷，处于开路状态，从低压侧电路供给的功率全部成为变压器的损耗，这种损耗称为空载损耗。图7.21所示是空载损耗测量电路，低压侧施加额定频率的正弦波额定电压；电流表读数为空载电流；功率表读数为空载损耗。

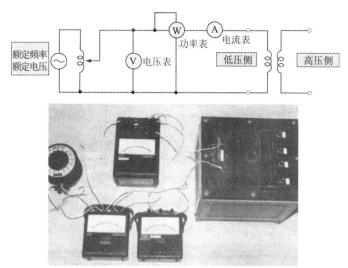

图7.21 空载损耗的测量电路

空载损耗大部分是铁耗，铁耗为磁滞损耗和涡流损耗之和。这两种损耗可用下式求得：

磁滞损耗$p_h = k_h f B_m^2$（W/kg）   （7.1）

涡流损耗$p_e = k_e (tk_f f B_m)^2$（W/kg）   （7.2）

式中，k_h、k_e为取决于材料的常数；t为钢片厚度；f为频率；B_m为最大的磁通密度；k_f为波形因数（正弦波时为1.11）。

由上式可知，由于涡流损耗p_e与钢片厚度t的平方成正比，故铁心用薄钢片叠成为好。还有，在同一电压下磁滞损耗与频率成反比，而涡流损耗与频率无关系[由$U_1 = 4.44fN_1\varphi_m = 4k_f fN_1 AB_m$，能解出$B_m$，代入式（7.1）和式（7.2）]。

因此，60Hz用的变压器若用于50Hz，铁耗将增至1.2倍。所以说一般60Hz用的变压器不能用于50Hz，但50Hz用的电力变压器却可用于60Hz。

② 负荷损耗。

由负荷电流在变压器中产生的损耗称为负荷损耗。图7.22所示是测量负荷损耗的电路。该电路中低压侧短路，使低压侧有额定频率的额定电流，功率表读数即为负荷损耗。因为绕组电阻随温度而变化，所以必须把实测值修正为电气设备试验用的基准温度75℃的值，这种将低压短路进行的试验称为短路试验。

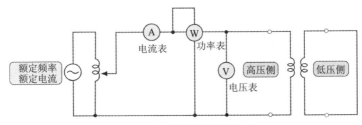

图7.22　负荷损耗的测量电路

负荷损耗是指负荷电流在一次、二次绕组产生的铜耗和杂散损耗之和。这里所说的杂散损耗是指负荷电流在变压器中产生漏磁通，引起外箱和固紧螺钉等金属部分有涡流，从而产生损耗。小型变压器杂散损耗与铜耗之比一般极小，但大型变压器却是一个不能忽略的值。

图7.23所示为空载损耗和负荷损耗的测量值。

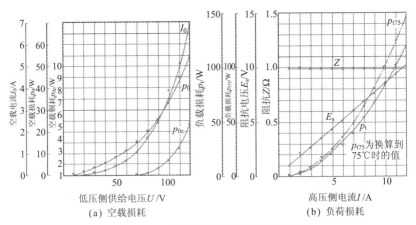

图7.23　空载损耗和负荷损耗的测量值

094 效率和电压调整率

（1）变压器的效率。

发电机把机械能变换为电能，电动机进行相反的变换。然而变压器是电能自己进行变换，因此，结构简单，损耗小，效率在95％以上，非常高（图7.24）。

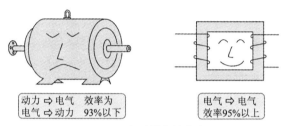

动力 ⇨ 电气　效率为
电气 ⇨ 动力　93%以下

电气 ⇨ 电气
效率95%以上

图7.24　变压器的效率高

① 实测效率。

只说效率二字，是指实测效率。如图7.25所示的实测电路接上负荷，测出二次和一次功率，然后算出二者之比就可以了。最大效率理论上是铁耗和铜耗相等的时候，实际变压器从1/2负荷到额定负荷都几乎接近最大效率值。图7.26所示是效率实测示例。

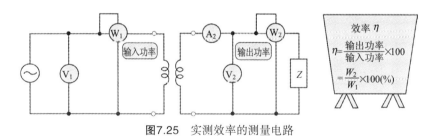

$$\eta = \frac{\text{输出功率}}{\text{输入功率}} \times 100$$
$$= \frac{W_2}{W_1} \times 100(\%)$$

图7.25　实测效率的测量电路

② 规约效率。

变压器容量大时，实测效率的测量准备工作很难。于是，进行图7.26效率实测示例空载试验和短路试验求出损耗，然后，用损耗和输入功率或输出功率表示负效率，这称为规约效率，如下式：

$$规约效率\ \eta = \frac{输出功率（kW）}{输出功率（kW）+损耗（kW）} \times 100（\%）$$

$$= \frac{输入功率（kW）-损耗（kW）}{输入功率（kW）} \times 100（\%）$$

这里若令变压器容量为 W（kV·A），铁耗为 p_i（kW），额定负载铜耗为 p_e（kW），负载功率因数为 $\cos\theta$，则额定负载时效率为

$$额定负载效率\ \eta = \frac{W\cos\theta}{W\cos\theta+p_i+p_c} \times 100（\%）$$

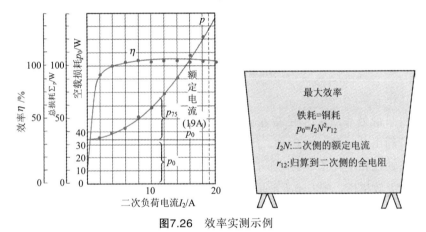

图7.26 效率实测示例

③ 全日效率。

柱上变压器等器件一天中很少是带不变的负荷，因此需要计算一天总计效率。

$$全日效率\eta_d = \frac{日输出电量}{日输入电量} \times 100（\%）$$

由于空载损耗大，故全日效率较实测效率低。配电用柱上变压器的全日效率在3/5负荷附近有最大的效率。

（2）电压调整率。

日常使用的电力负荷一般是恒压方式的，故电压若变化，对负荷就会有影响。例如，100V的白炽灯，电压降至90V时，光束约降至70%，

变暗。例如，电风扇和洗衣机等设备的电容运行电动机，由于转矩与电压的平方成正比而变小，故电压下降时转矩减小更快。

变压器二次侧端电压随着负荷增减而变化，变化的值越小越好。电压变化的比率称为电压调整率。图7.27所示是电压调整率的测量电路。首先在额定频率、额定功率因数和额定二次电流条件下，调节一次电压U_1，使二次电压保持为额定电压U_{2N}。然后，保持此U_1不变，把二次负荷去掉，变成空载，二次端电压变为U_{20}，电压调整率如下式所示：

$$电压调整率\ \varepsilon = \frac{U_{20}-U_{2N}}{U_{2N}} \times 100\ （\%）$$

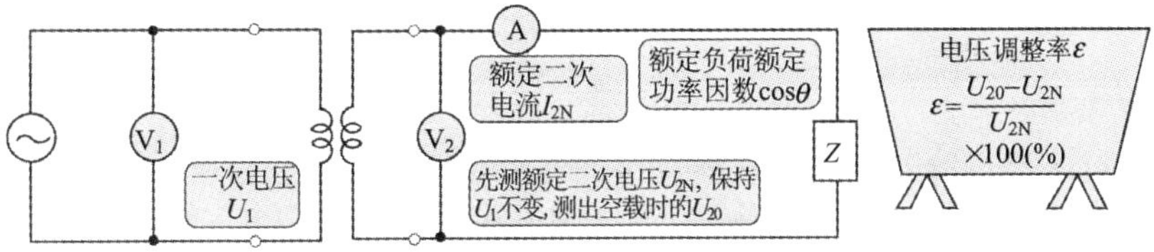

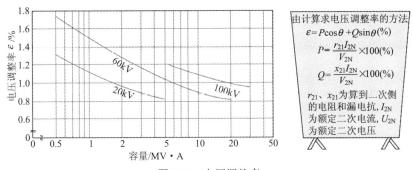

图7.27　电压调整率的测量电路

电压调整率约为1.5%~5%，容量越大，电压调整率越小。图7.28所示为容量和电压调整率关系的一个例子。

图7.28　电压调整率

095 变压器温升和冷却

（1）温升和温度测量。

变压器运行中铁心中的铁耗及绕组中的铜耗，都变为热而使变压器温度上升，如图7.29（a）所示。变压器温度升高时，用于其中的绝缘物就会变质劣化，绝缘抗电强度、黏度、燃点都下降，因此变压器温度应不超过绝缘物的允许温度。

变压器温度测量包括用电阻法测量绕组温度，以及用温度计法测量油和铁心温度。

用电阻法测量绕组温度是用下式求得：

$$绕组温度 t_2 = \frac{R_2 - R_1}{R_1}（235 + t_1）+ t_1（℃）$$

式中，t_1为试验开始时变压器绕组的温度（℃）；R_1为温度t_1时变压器绕组的电阻（Ω）；R_2为温度t_2时同一绕组的电阻（Ω）。

图7.29（b）所示为使用水银温度计或酒精温度计等温度计测量的场合。

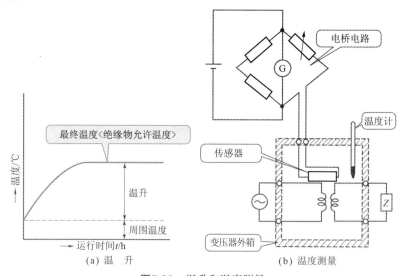

（a）温　升　　　　　　　　（b）温度测量

图7.29　温升和温度测量

另外，在大型变压器中还用传感器来测量，它用电桥测量铜线的电阻值，如图7.29所示，由铜线电阻值可知温度。

用上述方式测量的温度上限应在表7.1所列值以下。

表7.1 温升上限

变压器部位		温度测量方法	温升上限
绕组		电阻法	55
油	本体内的油直接与大气接触	温度计法	550
	本体内的油不直接与大气接触		55

（2）冷却方法。

为了使变压器长时间安全运行，必须把各部位温度降到规定限度以下，图7.30为变压器的冷却示意。各种变压器冷却方法如图7.31所示。表7.2列出了变压器冷却方法和用途。

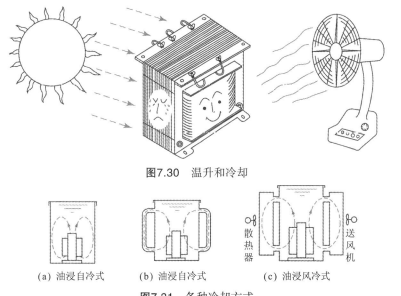

图7.30 温升和冷却

（a）油浸自冷式　　（b）油浸自冷式　　（c）油浸风冷式

图7.31 各种冷却方式

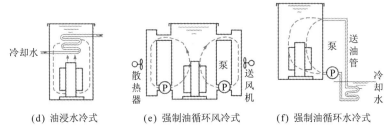

(d) 油浸水冷式　　　(e) 强制油循环风冷式　　　(f) 强制油循环水冷式

图7.31（续）

表7.2　变压器的冷却方法和用途

分类		冷却方法	用途	
干式	白冷式	靠和周围空气自然对流和辐射把热散发出去	小容量变压器，测量用互感器	
	风冷式	用送风机强制周围空气循环	中型电力变压器，H类绝缘变压器	
油浸式	自冷式	靠和周围空气自然对流和辐射把热散发出去	小型配电用柱上变压器	图 7.31（a），图 7.31（b）
	风冷式	用送风机强制周围空气循环	中型以上电力变压器	图 7.31（c）
	水冷式	箱体内装有冷却水管，靠冷却水循环把油冷却	同上	图 7.31（d）
	强制油循环风冷式	箱体内装有冷却管，用泵把箱内的油打到箱外冷却管，形成强制油循环，箱外冷却管用送风机冷却	同上	图 7.31（e）

续表 7.2

分类		冷却方法	用途	
油浸式	强制油循环水冷式	箱体外装有冷却管，用泵把箱内的油打到箱外冷却管，形成强制油循环，箱外冷却管用冷却水冷却	同上	图 7.31（f）
充气式		使用化学稳定的碳氟化合物做冷却剂，利用液体的汽化热来冷却	同上	

（3）变压器油和防止油劣化。

变压器一般使用品质良好的矿物油，为了防止火灾，也可用不燃性合成绝缘油。变压器油除了把变压器本体浸没，使绕组绝缘变好以外，同时还有冷却作用，防止温度上升。

变压器油需具备以下条件：

① 为了能起绝缘作用，耐电强度应高。

② 为了发挥对流冷却作用，油热膨胀系数要大，黏度要小；为了增加散热量，比热要大，凝固点要低。

③ 化学稳定，高温下也无化学反应。

油浸变压器中油的温度随负荷变化而升降，油不断进行膨胀和收缩，这使得变压器内的空气反复进出。因此，大气中的湿气会进入油中，不仅会引起耐电强度降低，而且和油面接触的空气中的氧气会使油氧化，从而形成泥状沉淀物。

为了防止上述油劣化，采用了图7.32所示的储油箱（俗称油枕），油膨胀和收缩引起的油面上下变化，只在储油箱内进行，油的污染变少，沉淀物可以排出清除。为了除去大气中的湿气，在储油箱上装有吸湿呼吸器，其内放入活性铝矾土吸湿剂。

图7.32 储油箱

096 变压器的安装和预防性维护

变压器在安装前应该检查一下是否有输送过程中可能造成的物理损伤（图7.33），要特别检查以下几点：

① 在变压器外壳上是否有过度的凹陷。

② 螺帽、螺栓和零件是否松懈。

③ 凸出部分如绝缘物、计量器和电表是否损坏。

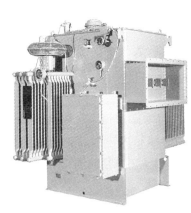

图7.33 配电变压器

如果变压器是液体冷却，需要检查冷却剂液位。如果冷却剂液位低，检查液体罐上是否有泄漏的迹象并确定漏液的精确位置。如果超过了正常液位，则在正常情况下冷却剂产生的热量就会导致漏液。为了检测到超过正常冷却剂液位时的漏液情况，应该用惰性气体如氮气等将液体罐压力从3psi增加到5psi。将溶解的肥皂水或冷水涂在可疑的对接处或焊接处，如果在该处液体有泄漏现象，就会出现细小的气泡。

如果变压器是新安装的设备，则需要检查变压器铭牌上的名词术语，以确保符合安装的kV·A、电压、阻抗、温升和其他安装要求。

一般来说，变压器厂商对于每个已售出的特定类型的变压器会推荐一种预防性维修程序。在检修过程中需要检查和保养的项目如下：

① 应该清除绕组或绝缘套上的污垢和残渣，从而使空气自由流通并能降低绝缘失效的可能性。

② 检查破损或有裂痕的绝缘套。

③ 尽可能地检查所有的电力连接处及其紧密度。连接松动会导致电阻增加所产生的局部过热。

④ 检查通风道的工作状态，清除障碍物。

⑤ 测验冷却剂的介电强度。

⑥ 检查冷却剂液位，如果液位过低要增加冷却剂的量，但不要超过液位标准面。

⑦ 检查冷却剂压力和温度计。

⑧ 用兆欧表或高阻计进行绝缘电阻检测。

变压器可以安装在室内也可以安装在室外。由于某些类型的变压器存在潜在危险，因此如果把这些变压器安装在室内就要遵守特定的安装要求。一般情况下，变压器和变压器室应在专业人员维修时易于进入而限制非专业人员接近的位置。

变压器室有两个作用，首先，它可以使非专业人员远离存在潜在危险的电气零件；其次，它还可以承受由于变压器故障而引起的火灾和燃烧。

097 各种常用的变压器

（1）测量用互感器。

① 测量高电压、大电流用的互感器。在输配电系统的高电压、大电

流电路中，很难用一般的仪表直接测量电压和电流。因此，需要变成可以测量的低电压和小电流。用于这一目的的测量专用的特殊变压器称为测量用互感器，分为电压互感器和电流互感器。

② 电压互感器。电压互感器（PT：Potential Transformer）是将高电压变成低电压的变压器，与一般电力变压器没有不同；但为了减小测量误差，绕组电阻和漏电抗也相对要小一些。图7.34是其外观图。油浸式用于高压，干式用于低压。电压互感器的接线如图7.35所示，一次侧接一般的电压指示计。另外，电压互感器额定二次电压为100V。

(a) 油浸式　　　　　　　　　(b) 干式模制式

图7.34　测量用电压互感器的外观

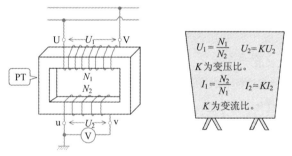

$$U_1 = \frac{N_1}{N_2} \quad U_2 = KU_2$$
K 为变压比。
$$I_1 = \frac{N_2}{N_1} \quad I_2 = KI_2$$
K 为变流比。

图7.35　电压互感器的接线

③ 电流互感器。电流互感器（CT：Current Trans former）是将大电流变成小电流的变压器，为了使励磁电流小，铁损耗要小，故采用磁导

率大的优质铁心。电流互感器的接线如图7.36所示，电流互感器的一次侧接测量电路，额定二次电流为5A。也应指出，一次侧若有电流时将二次侧开路，将会产生很高的电压绕组或将仪表烧坏，同时将会危及人的安全，所以其二次侧绝不允许开路。图7.37是其外观图。油浸式用于高压电路，干式用于低压电路。

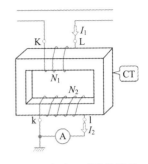

图7.36　电流互感器的接线

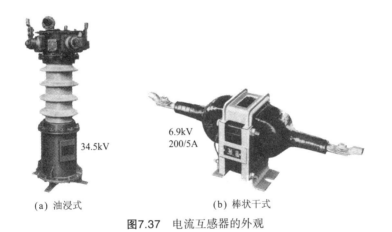

(a) 油浸式　　　　　　　　　(b) 棒状干式

图7.37　电流互感器的外观

（2）自耦变压器。

自耦变压器作为变压器的一种，其自身只有一个线圈。自耦变压器没有隔离功能，仅当不需要隔离的时候才会用到。这种变压器主要用于电压匹配。如果一个240V交流电压要加在一台208V的设备上，可以采用自耦变压器来降低电压。在大多数情况下，安装一个自耦变压器比安装一个为设备定制的降压器的成本低得多。图7.38所示为升压和降压自耦变压器的工作原理图。图7.39示出了一个电压适配自耦变压器。

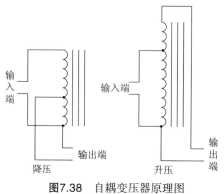

图7.38 自耦变压器原理图

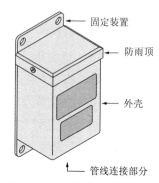

图7.39 电压适配自耦变压器

自耦变压器的另外一种应用是用作可变电压源。利用一个滑动抽头取代固定的中心抽头，这样输出电压就可以任意调整。图7.40示出一个可变自耦变压器的工作原理图。

可变自耦变压器通常进行独立封装，如图7.41所示。这种变压器用作测试实验台或即时安装，其工作性能是非常不错的。它们通常有一根标准交流输入线和交流输出电源插座。有些型号的变压器甚至还提供输出电压表。

可变自耦变压器也有面板安装型的，如图7.42所示。这种布局使其特别适合定制或OEM安装。

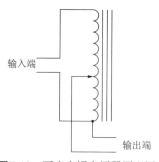

图7.40 可变自耦变压器原理图

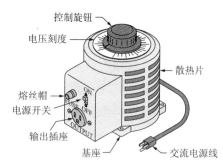

图7.41 封装好的可变自耦变压器

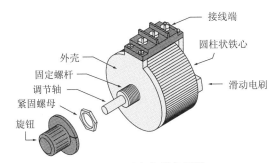

图7.42 可变自耦变压器

（3）三相变压器。

变压器也可以用于制作三相电源。三相变压器由共用一个铁心的三个单相变压器组成，其输入和输出端可以按照三角形或者星形的方式接线。图7.43~图7.46所示分别为三相变压器的4种基本接线方式。

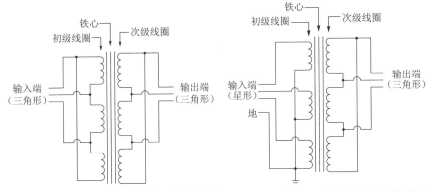

图7.43 三角形-三角形三相变压器原理图　**图7.44** 星形-三角形三相变压器原理图

除了三相变压器使用三个线圈，单相变压器使用单个线圈以外，商用的三相变压器跟单相变压器具有相同的封装。图7.47示出了一个商用的三相变压器。请注意：每个线圈端同其他线圈端都是分离的，这样输入和输出端就可以按照三角形或者星形的方式连接了。

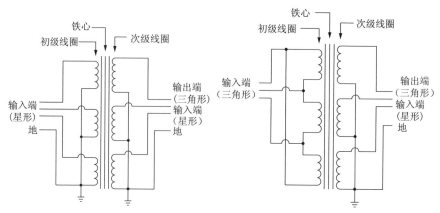

图7.45 星形-星形三相变压器原理图　**图7.46** 三角形-星形三相变压器原理图

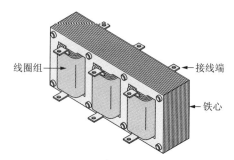

图7.47 商用三相变压器

　　如果接线正确，三个单相变压器可以作为一个三相变压器使用。按三角形方式连接输入输出端的三个单相变压器，如图7.48所示。

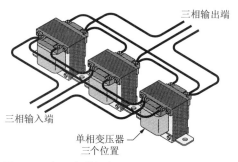

图7.48 由三个单相变压器组成的三相变压器

　　大的配电站通常使用大型三相变压器。根据应用场合的不同，可以选择使用自耦变压器，也可以选用隔离变压器。图7.49示出了一个大的三相配电变压器，为了提高绝缘和冷却性能，这种变压器通常浸入到绝缘性很强的介电油中。

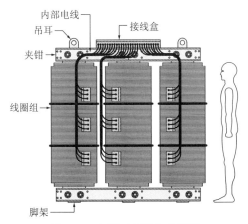

图7.49　大型三相配电变压器

　　我们在日常生活中经常能够看到杆式变压器。这类变压器作为一种电源变压器，也需要浸入到高绝缘性的介电油中。不锈钢外壳用来保护并远离各种不利外界环境的影响。通常情况下，这种变压器能够以良好的工作性能持续工作多达50年之久。位于顶部比较大的端子为初级线圈，位于旁边的端子为次级线圈。次级线圈上有中心抽头，是用来接地的。图7.50所示为一个典型的商用单相杆式变压器及其接线方式。请注意：次级线圈的中心抽头接到了一个公共端上，该公共端与杆和变压器供电的建筑物一起接地。

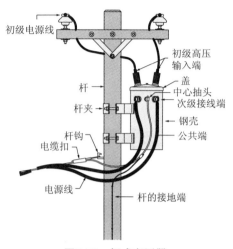

初级电源线

初级高压
输入端

盖
中心抽头
次级接线端

杆

杆夹

钢壳
公共端

杆钩

电缆扣

电源线

杆的接地端

图7.50 杆式变压器

（4）点火线圈。

一种常用的变压器为自动点火线圈，如图7.51所示。这种变压器能提供高压脉冲以产生电火花，12V的输入电压就可以产生出从30000~70000V不等的输出电压。这种变压器通常在一个杯状的铁心中装有两个螺线管线圈。铁心与线圈封装在一个不锈钢壳中，顶部装有一个带有高压接线端的塑料盖。

图7.52示出了一个自动点火线圈的原理图。图中用粗线表示的小线圈为初级线圈，细线表示的大线圈为次级线圈。初级线圈和次级线圈都有一端与公共端相连，铁心通常与高压接线端相连。

由于汽车点火线圈使用的是直流电源，因此需要使用中断方式来激活点火线圈。如图7.53所示，公共端通常通过一组触点接地。每当触点断开时，线圈中的磁场消失，次级线圈将产生高电压脉冲。该触点与转子同步，转子引导高压脉冲到需要点火的汽缸中。点火线圈的初级线圈接线端通过一个点火开关与供电电池的正极相连。电容器跨接在这些触点上，用来减小触点火花，同时延长触点的使用寿命。

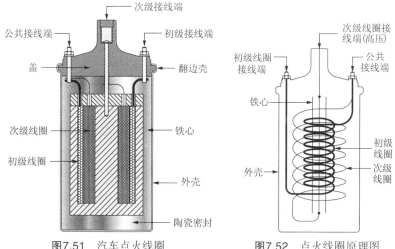

图7.51　汽车点火线圈　　　　图7.52　点火线圈原理图

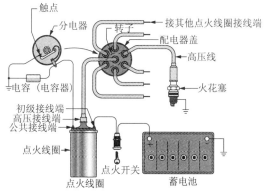

图7.53　汽车点火系统

（5）饱和变压器。

在很多领域都需要限制变压器的输出电流。最常见的应用场合是蓄电池充电器和电焊机。在这种场合，负载基本上为0Ω。如果把它们同标准变压器相连，电路很可能会跳闸或者彻底损坏线圈。对于这种场合通常使用专用的饱和变压器。

所有变压器的输出电流都取决于铁心的磁导率。一旦铁心达到饱和

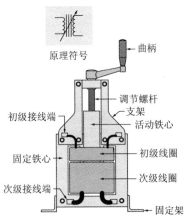

图7.54 活动铁心饱和变压器

状态,输出电流将维持在一个与铁心磁导率相对应的恒定值。因此,可以通过控制铁心的磁导率控制输出电流或者将其限制在一个规定的范围内。

有两种方法可以用来控制变压器的饱和值,第一种方法是改变铁心的大小和位置,图7.54示出了一个活动铁心变压器,它常见于小型交流电焊机。铁心做成典型的"E"形,但是中间的脚可以缩回。当中间的脚缩回时,铁心的磁导率降低,使铁心饱和值降到低电流水平。这样,将中间的脚插入铁心,即可增加饱和电流;将中间的脚缩回,可减小饱和电流。

同样,可以通过移动线圈减小电磁耦合来达到限制电流的目的。图7.55所示是一个活动线圈变压器。在这种情况下,通过次级线圈的上升或者下降来调整线圈的耦合系数,从而限制输出电流。

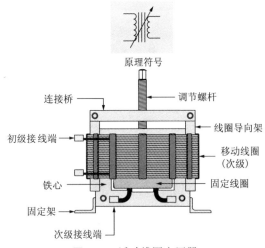

图7.55 活动线圈变压器

第二种限制电流的方法是利用电流在铁心中产生附加磁通。如图7.56所示，给铁心增加一个线圈，增加的线圈相当于一个电抗器。当电抗器通电时，将磁化铁心，从而占用了铁心的部分磁通容量。这样就减小了变压器的容量，从而限制了输出电流。

图7.57示出了一个饱和变压器的控制电路原理图。请注意：这个电路的结构很简单。由于低廉的成本和坚固耐用的设计风格，正好满足了电焊机的工作要求。

图7.58示出了一个带有积分电抗器的小型饱和变压器。这种变压器并不常见，并且通常是特制的。

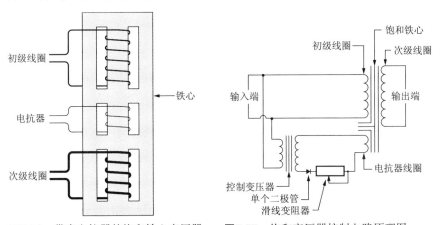

图7.56 带有电抗器的饱和铁心变压器　　图7.57 饱和变压器控制电路原理图

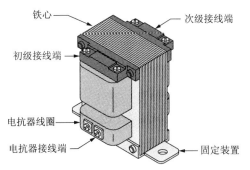

图7.58 饱和铁心变压器

饱和铁心变压器常用来给氖灯供电。氖灯需要位于8000~15000V的高电压才能启动，而工作电压只需要400V。氖灯变压器具有高的开路电压和低的工作电流。当氖灯处于断电状态时，其内部阻抗相当高，此时需要一个高电压来电离管中的氖气微粒以接通它。然而，一旦氖灯接通，其内部阻抗会降到很低，造成变压器短路。此时，变压器的输出电压降低到与氖管的工作电流和阻抗相匹配，使氖管工作在低电压状态。氖灯变压器如图7.59所示。

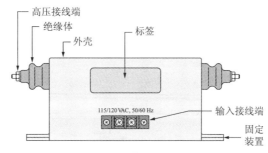

图7.59　氖灯变压器

（6）恒压变压器。

恒压变压器常用于需要精密电源的场合，但实际上只用在配电系统不好的地方。它也用于提供现场电源的野外设备。

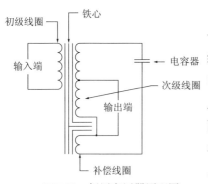

图7.60　恒压变压器原理图

恒压变压器利用铁磁共振产生一个可调节的输出。首先，将一个补偿线圈加到铁心上，然后将其通过一个电容器与次级线圈输出端串联。所选用的电容器要与铁心的共振频率相匹配。如果输入电压发生变化，那么电容器/补偿线圈将调整铁心的饱和度，以产生一个恒定的电压输出。恒压变压器原理如图7.60所示。

图7.61示出了一个商用的恒压变压器。请注意：该变压器的外观同图7.58中所示的饱和变压器很相似。

对于一些小型单点应用场合，恒压变压器常做成独立封装形式，如图7.62所示。

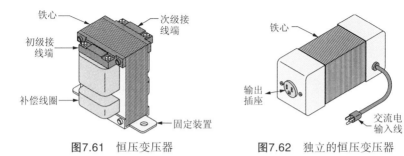

图7.61　恒压变压器　　　　图7.62　独立的恒压变压器

第**8**章 电动机

098 直流电动机

（1）直流电动机的励磁方式与其特性关系。

直流电动机随励磁绕组与电枢绕组的连接方式（励磁方式）的不同，其基本特性也不同。励磁方式大体可分成三类（串励、并励、复励）。表8.1表示绕线方式、转矩、转速与负载电流（电枢电流）特性及最适合的用途。

表8.1 直流电动机的励磁方式与特性

励磁方式	接线	特性	用途
串励（直流串励电动机或串励电动机）	A：电枢绕组 f：励磁绕组 励磁绕组与电枢绕组串联连接	负载电流与励磁电流相同，i_a 较小时转矩 T 与 i_a 的平方成正比，i_a 较大时 T 与 i_a 成正比	低速时所需的转矩大，高速时所需的转矩小，所以最适用于作电车主电动机（现在采用逆变器驱动的异步电动机）
并励（并励电动机，他励电动机作并励运行时也相同）	f 自励绕组		非常用泵的驱动电动机

续表 8.1

励磁方式	接线	特性	用途
	励磁绕组与电枢绕组并联连接 励磁绕组,电枢绕组,分别接到不同的电源	N_0, T_0: 额定励磁时 N_1, T_1: 弱磁时 自励时用调整电阻,他励时用调整电压可以方便地调节 i_f,得到任意的转速特性,i_a 大则电枢反应的去磁作用大,这就意味着 T 减少,N 上升	因能用电瓶驱动运行,且具有恒速特性,所以,最适合用于非常用泵的驱动轧钢电动机、造纸机专用电动机、工作机械电动机等,可实现大范围高精度的调速
复励(复励电动机)	有串励绕组和并励绕组	根据串励绕组与并励绕组的磁势比,可任意选择串励与并励的中间特性	轧钢机电动机、工作机械用电动机 可实现大范围调速,具备直流电动机的所有特性

（2）直流电动机的启动。

根据 $V = E + I_a R_a$ ，直流电动机的电枢电流 I_a 为

$$I_a = \frac{(V-E)}{R_a}$$

因启动瞬间反电势 $E = 0$（V），故 $I_a = \dfrac{V}{R_a}$ ，即电枢电流很大。为了把启动电流限制到额定电流值左右而使用的电阻称为启动器，如图8.1所示。图8.2为直流电动机的端子符号。

直流电动机的启动顺序如下所示：

① 将励磁电阻值调到最小值（$I_f \to$ 大）。

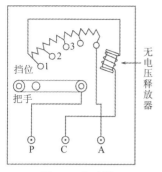

图8.1 启动器

	高电位	低电位
电　　　源	P(+)	N(−)
电　　　枢	A	B
并 励 绕 组	C	D
串 励 绕 组	E	F
附加极绕组	G	H
补 偿 绕 组	GC	HC
他 励 绕 组	J	K

图8.2 直流电动机的端子符号

② 接上电源，将操作把手旋到最初挡位（如图8.3所示，全启动电阻与电枢串联，励磁电路中串入的无电压释放器成为电磁铁，作好能够保持把手位置的准备，使启动电流接近额定电流，电动机旋转）。

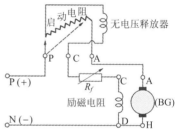

图8.3 启动器最初挡位的电路

③ 用把手推进电阻挡位，而无电压释放器保持把手新的位置（电动机旋转起来后，电流变小，与电枢串联的启动电阻可以去除，电枢直接接于电源，而启动电阻串联接于励磁电路）。

（3）直流电动机的调速。

直流电动机的转速n为

$$n = K\frac{(V - r_a I_a)}{\varphi}(\text{r/min})$$

由上式知，为了改变n值，改变φ、I_a、V中任意一值都可以，方法如下：

① φ，用励磁电阻改变磁通的方法。

② I_a，用电枢电路的电阻改变电枢电流的方法。

③ V，把偶数台电动机或串联或并联，使加于电动机的电压变化的方法。

（4）改变励磁的调速法。

这是用于并励电动机、他励电动机和复励电动机的方法，如图8.4所示。改变励磁电路电阻的大小，使磁通变化，从而进行调速。

（5）改变电枢电路的电阻。

这是用于串励电动机的方法，如图8.5所示。在电枢电路中串入电阻，使电枢电流变化，从而进行调速。

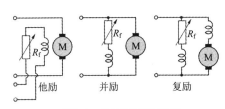

图8.4　改变励磁的调速　　　　图8.5　电枢电路接入电阻的调速

（6）改变电枢电压的调速法。

主要用于串励电动机，偶数台电动机或串或并，使加于一台电动机的电压得到调整，从而进行调速，如图8.6所示。此法用于他励电动机时，电枢电压由他励发电机供给，该发电机由另一台电动机驱动。这时可进行大范围和细微的调速。常用于卷扬机、压延机和高档电梯等地方。驱动用三相感应电动机和他励发电机之间装有飞轮，使负荷变化少，可进行大范围和精密的调速，如图8.7所示。

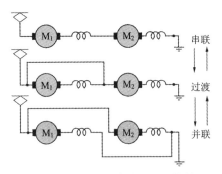 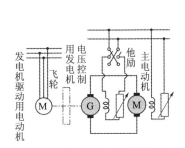

图8.6　电车的串并联电压控制　　　图8.7　改变电枢电压的调速

（7）制动。

制动方法分机械制动和电制动（图8.8），电制动方法中又有以下两种。

① 发电制动。将运转中的电动机电源切除，接上制动电阻，电动机作为发电机工作，制动电阻作为负载，产生焦耳热，这样起到制动作用。在电动机高速运转的场合，这种方式有制动效果。

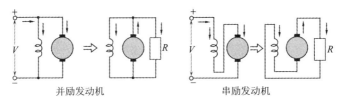

并励发动机　　　　　　　　　　　　串励发动机

图8.8　电制动

② 再生制动。把电动机变为发电机这一点和发电制动相同，但本方法是将产生的电势返还给电源而得到制动。为此，必须使感应电势比加于电动机的电压还高，因此，必须采取增加励磁电流等办法。电力车下坡有时用此法。

099 三相感应电动机

（1）三相感应电动机的原理。

① 将磁铁转动，线圈也沿同方向转动。图8.9中磁铁向右转，我们认为这和内侧的线圈相对向左转是一样的。由右手定则可知，电流将沿线圈形成环流。这一环电流和磁铁作用产生的电磁力为：当电流由前到里，磁通从左到右，力的方向应向上。就是说，线圈跟着磁铁转动的方向而转动。

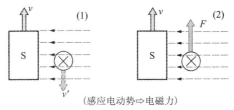

（感应电动势⇨电磁力）

图8.9　线圈跟着磁铁转动的方向而转动

② 不用转动磁铁的方法使磁场旋转——旋转磁场。感应电动机的工作原理是不用转动磁铁而使磁场旋转，这和使磁铁转动的作用是一样的，如图8.10所示。图8.11所示的原理图是以两极为例的情况。该图表示对应t_0，t_1，t_2，t_3，…时刻，磁场旋转的情况。t_0时磁场指向右，t_3时指向下，t_6时指向左，t_9时指向上，t_{12}时又回到t_0时的位置，即转了一圈。两极时一周期转一回。

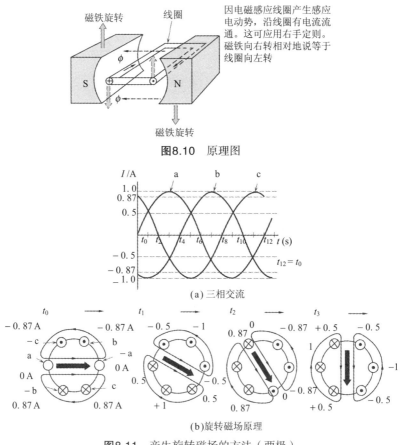

因电磁感应线圈产生感应电动势，沿线圈有电流流通。这可应用右手定则。磁铁向右转相对地说等于线圈向左转

图8.10 原理图

(a) 三相交流

(b)旋转磁场原理

图8.11 产生旋转磁场的方法（两极）

③ 感应电动机的定子和转子。感应电动机中能够有旋转磁场是靠将定子绕组接上三相交流电源而实现的。定子绕组的旋转磁场使转子导体

（线圈）因电磁感应而产生电势，沿线圈有环电流流通。转子感应出的电流和旋转磁场之间的电磁力作用使转子旋转。

（2）三相感应电动机的结构。

① 三相感应电动机的定子。

图8.12所示是三相感应电动机的结构。

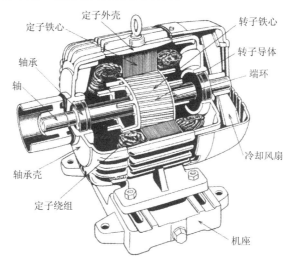

图8.12　三相感应电动机的结构

感应电动机的定子是用来产生旋转磁场的，如图8.13所示。它由定子铁心、定子绕组、铁心外侧的定子外壳、支持转子轴的轴承等组成。

> a）定子（一次侧）
> 　定子外壳、轴承、定子铁心、定子绕组
> b）转子（二次侧）
> 　铁心、转子
> i　笼型转子：端环（短路环）、斜槽
> ii　绕线型转子：滑环和电刷、轴、风道

图8.13　定子和转子的构成

铁心用厚0.35~0.5mm的硅钢片叠成。在铁心内圆有用来嵌放定子绕组的槽，如图8.14所示。四极时为24或36槽，一个槽一般嵌入两层线圈。

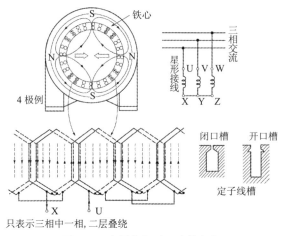

图8.14 定子绕组（一次绕组）

绕组各相的接线采用每相电压负担小的星形连接法。极数越多，旋转磁场的转速越慢。旋转磁场的转速为

$$n_s = \frac{60f}{p} (\text{r/min})$$

式中，f为频率（Hz）；p为极数；n_s称为同步转速。

② 笼型转子——笼型感应电动机。笼型转子（绕线型转子和直流机的电枢一样，在铁心上装有线圈，如图8.15所示，如果去掉铁心，只看电流流通的部分[导（铜）条和端环]，则它的外形就像一个笼子，由此而得名。

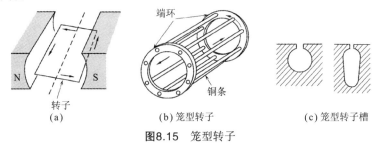

图8.15 笼型转子

● 转子铁心。冲裁定子铁心硅钢片剩下的部分，可制作成转子铁心，转子铁心由冲槽的硅钢片叠成。

●转子导条（没有绕组，恰似笼型导条）。先在铁心槽内嵌入铜条，在其两端接上称为端环的环状铜板。由感应电势而生的电流在铜条和端环间循环，这一电流和旋转磁场作用而产生的电磁力使转子旋转起来。

●斜槽转子。笼型感应电动机的缺点之一是启动转矩小，扭斜一个槽位就可容易启动，如图8.16所示。

●铸铝转子。小功率感应电动机的铜导条和端环改用铝浇铸，形成铝导条和端环。

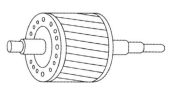

图8.16 斜槽转子

这里，因为铝比铜导电率小，故需做大一点。这种铸铝转子正大量生产，连冷却风扇也能同时铸造出来。

③ 绕线型转子——绕线型感应电动机。

●绕线型转子。这与由导条和端环做成的笼型转子不同，如直流机一样，在铁心上嵌有线圈，如图8.17所示。

●转子铁心。由硅钢片叠成，铁心圆周上冲有半闭口槽。三相绕组的排放要做到使转子极数与定子极数相同，其槽数也应选定。

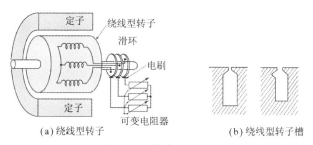

(a)绕线型转子　　　　　　　　(b)绕线型转子槽

图8.17 绕线型转子

●转子绕组。小容量电动机的转子绕组与定子绕组相同，可以采用双层叠绕方法；大容量时电流大，导线常采用棒状、方形等铜线。槽内先嵌入铜线，然后把它们连接起来，绕线方法一般采用双层波绕。

●滑环。绕线型和笼型的差别之一是：笼型的导条在转子内构成闭合回路，与此相反，绕线型绕组中各相的一端在电气上与静止部分的可变电阻器连接，并形成闭合电路。旋转部分与静止部分是靠转子上的滑环

（集电环）和电刷在电气上连通的。

（3）三相感应电动机的启动和运行。

图8.18所示为三相感应电动机的各种启动方法，表8.2示出了其相应的方法及特征。

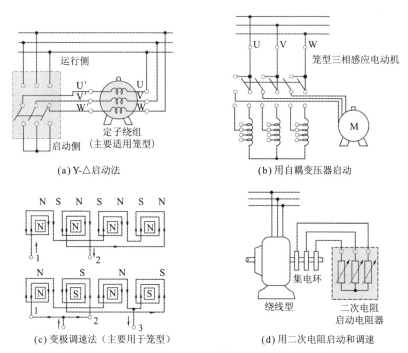

（a）Y-△启动法

（b）用自耦变压器启动

（c）变极调速法（主要用于笼型）

（d）用二次电阻启动和调速

图8.18　各种启动法

表8.2　三相感应电动机的启动方法及特征

启动方法	转子类型	方法	特征
全电压启动	笼型 3.7kW 以下	也称自接入启动，直接施加全电压	启动电流为全负荷时的数倍
星形－三角形启动	笼型 5.5kW 左右	开始按星形接线，启动后改为三角接线，启动时绕组每相电压为运行时的 1/$\sqrt{3}$ 倍	启动电流和转矩为全电压启动时的 1/3 倍

续表 8.2

启动方法	转子类型	方法	特征
启动用自耦变压器	笼型 15kW 以上	用三相自耦变压器降低电压启动，启动后立即切换为全电压	能限制启动电流
机械启动	笼型小型电机	用液力式或电磁式离合器将负载接于空载的电机	有离合器等设备的特殊场合
用启动电阻器启动	绕线型 75kW 以下	利用启动转矩比例推移原理使二次电阻增至最大	启动电流小，还可以调速
启动电阻器 + 控制器	75kW 以上	启动器和速度控制器分别设置	

第9章 照明

100 白炽灯

图9.1所示为一个早期的白炽灯泡和灯座。电灯由一个装有很长灯丝的透明灯泡组成。灯泡内充满了低压惰性气体，灯丝连接在两个灯丝接线端上，接线端则密封于灯泡基座中。另外还有一根细铁丝用来支撑那根脆弱的灯丝。

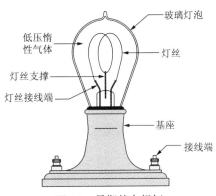

低压惰性气体

玻璃灯泡

灯丝

灯丝支撑

灯丝接线端

基座

接线端

图9.1 早期的白炽灯

制作一个图9.2所示的简单的白炽灯泡，是一件非常简单的事情。每一根极细的钨丝连接在两个接线端上作为灯丝，将其放入一个试管中，然后将试管中充满氩气。最后用一个高温软木塞塞紧试管的底部。利用一个可调电源给灯泡供电，慢慢提高电压直到灯丝发光。当灯泡达到最大工作温度时，软木塞就已经塞得非常紧了，密封住了惰性气体。

图9.3示出一个现今我们使用的装有螺旋灯头的白炽灯泡。这些灯泡和早期的灯泡相比差异并不大。灯丝由盘绕的钨丝制成，同样在充满惰性气体的环境下工作。惰性气体通常采用80%大气压的氩气。采用这

样的气压是因为在额定的工作温度下，灯泡内部气压会升高并达到大气压力。现在的灯泡内部通常会覆盖一层白色的散射物，使得光线更加柔和，散射效果更佳。

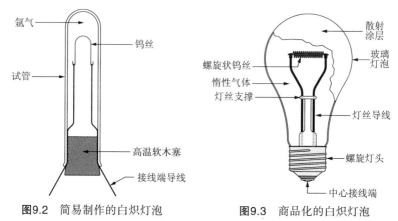

图9.2 简易制作的白炽灯泡　　图9.3 商品化的白炽灯泡

101 荧光灯

另外一种最常见的电灯就是荧光灯。这种灯与白炽灯一样被广泛使用。它在单位功率下可以产生更高强度的光线，更加适合于大多数办公室和商业场所。图9.4示出一种典型的荧光灯泡。

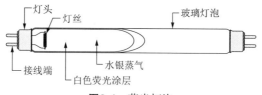

图9.4 荧光灯泡

这种灯泡的灯管很长，在每端都有一组灯丝，灯管中充满氩气或汞蒸气。灯管内部的表面上涂有一层白色的荧光材料。灯管开始工作时，电流经过灯丝产生很强的电子束和热量。在灯管温度升高以后，电压击穿灯管的两极，灯管内部的气体分子受到激发产生紫外线。紫外线再次激发管壁上的荧光物质就产生了可见光。

图9.5所示为一个简单的荧光灯管启动电路。按下启动开关使得灯丝发热，待灯管加热后，开关松开改变电源导通方向，灯丝上的电压将击穿灯管内的气体，并最终使得气体发光。要关闭荧光灯只需断开电源。

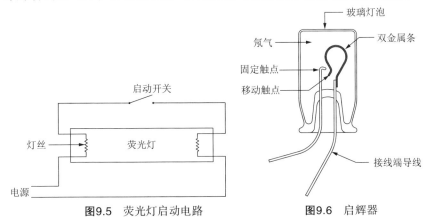

图9.5　荧光灯启动电路　　　　　图9.6　启辉器

如果需要自动启动一个荧光灯管，通常可以使用一个启辉器，如图9.6所示。启辉器是一个内部充满氖气的管子，管子内部有两个触头，其中一个是固定的，另外一个触头是由一种双金属材料合成的金属丝。

图9.7所示为有启辉器的荧光灯启动电路。当电源接通时，启辉器产生电弧使得双金属材料受热。随复合金属丝温度升高，金属丝产生变形，并最终与固定金属丝接触，为灯丝提供了导电回路。金属丝接触后，电弧消失，复合金属丝冷却后与固定金属丝断开连接，灯丝之间的电源通路断开，灯管发光。灯管电路将吸收大多数的电源电流，足以阻止启辉器再次发光。这种启辉器电路最重要的优点之一，就是如果出现瞬时的电源断电灯管还可以自动启动。

因为荧光灯管工作时的电阻很小，所以有必要在电路中加入一个镇流器，如图9.7所示。镇流器的一个主要作用是在启动器触点打开时提供一个瞬时高压，同时又可以限制电灯工作电流。

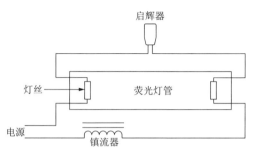

图9.7 有镇流器的荧光灯启动电路

102 霓虹灯

霓虹灯内部充有氖气，当电压加在两电极上时，形成氖气发光回路。当电子从一个电极流向另一电极时，氖气分子被激发并发出可见光。我们很多人都曾经见过在广告牌上用的霓虹灯。

图9.8所示为最常见的霓虹灯。这种灯常被用作夜间照明灯和指示灯。这种霓虹灯的组成结构包括一个内部充有氖气的小玻璃管和电极，图9.9所示是一个带螺纹灯头的霓虹灯，内部有成形电极。电极可以做成适合灯泡的各种形状。当电灯开启时，灯泡内看起来就像有一团火焰一样。

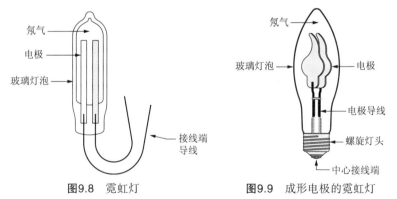

图9.8 霓虹灯   图9.9 成形电极的霓虹灯

适当结构的霓虹灯发出的电弧或等离子体能够击穿很远的距离。图9.10所示为一个直线状的霓虹灯，电弧可以穿过两个电极之间整个灯管长度。

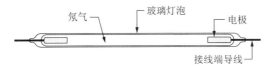

图9.10 霓虹灯

等离子体的另一个特性是它可以穿过弧形和弯曲的灯管。如图9.11所示的"OPEN"标志，实际上是用一个霓虹灯管弯曲成的单词形状。字母之间的连接部分涂黑，当灯管接通电源时，字母部分就会发出明亮的光。

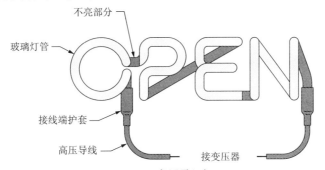

图9.11 商用霓虹灯

由于霓虹灯中电极的间距较远，所以在启动时需要高电压。图9.12所示是一个有限流功能的变压器，这种变压器通常用于霓虹灯的启动。它的输出电压通常为20000~45000V。当高压加在灯管两端的电极上时，电弧会从一个电极流到另外一个电极上，这样灯管中的气体就会被电离并开始发光。当气体处于电离状态时其电阻变得很小，变压器的输出电压会降低到正常工作电压，一般为400V左右。

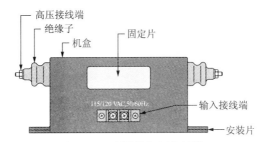

图9.12 商用霓虹灯变压器

广告中使用的霓虹灯要制成特定的字母、单词或图案，并在两端安装电极，其中一个电极有一个易熔的端口。在制作时，将易熔端连接到真空泵上，将气体抽出灯管，并接通施加在两极上的电压。灯管内的真空度由一个阀门控制，然后将氖气慢慢注入灯管。当氖气足够多时，灯管就会发光。继续注入氖气就可以调节灯的亮度。当气体量调节好后，易熔端口便被熔化密封住，一个霓虹灯管就做好了。图9.13是霓虹灯管制造系统的框图。

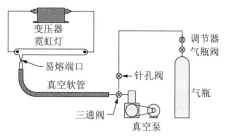

图9.13 霓虹灯管制造系统

103 卤素灯

卤素灯如图9.14所示，是一种改进的白炽灯泡。卤元素在工作过程中连续不断地从灯丝上蒸发，再沉积，在灯丝的设计寿命里可以产生明亮的灯光。灯丝最高的工作温度大约为3400℃（5500°F）。这时，灯丝慢慢蒸发并释放钨原子。钨原子向温度稍低的灯泡壁转移，灯泡壁此时温度约为730℃（1340°F）。在与灯泡壁接触或尚未接触灯泡壁时，钨原子与氧元素和卤素结合，形成卤氧化钨化合物。灯泡中的

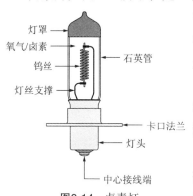

图9.14 卤素灯

对流电流再将卤氧化钨带回灯丝。灯丝处的高温使卤氧化钨分解，氧和卤素原子重新回到灯泡壁上。钨原子重新在灯丝上凝结，循环过程再次

开始，如此灯丝可以得到持续的补充。

 水银灯

第一盏水银灯由Peter Hewitt在1901年申请专利，并在次年开始投入生产。早期的水银灯如图9.15所示，是一种相当简单的设备。其组成结构包括一个盛有一段水银的容器，水银中有一个低端电极，灯泡的另一端装有高端电极。当电源连接在电极上时，开始产生汞蒸气，灯泡的温度也随之升高，并产生明亮的蓝绿色光芒。要开启水银灯，只要将水银灯旋转使水银流动接通灯泡的两极，形成电流回路，然后再把灯泡摆放至回工作位置即可。

水银灯为户外照明和工业照明提供了理想的照明设备，而且很快成为工厂、路面、露天体育场、停车场之类的标准照明设施。在今天水银灯依然被广泛使用，住所周围的路灯就是其典型实例。商用的水银灯如图9.16所示。

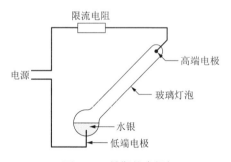

图9.15 早期的水银灯

许多现代的水银灯都需要利用一个限流升压变压器来工作，如图9.17所示。在开启过程中变压器为灯管提供产生等离子体所需的高电压。在等离子体产生后，灯管内的低电阻使得变压器的电压被拉低到工作电压。

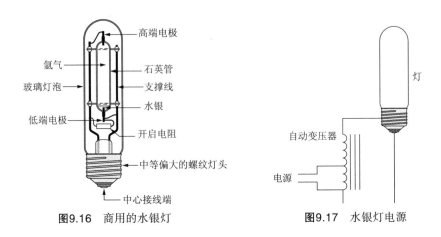

图9.16 商用的水银灯

图9.17 水银灯电源

105 高压钠蒸气灯

钠蒸气灯已成为高速公路照明设施的一种最佳选择。在高速公路上，我们看见的那些发出金黄色灯光的就是钠蒸气灯。这种灯的光谱更加适合人的眼睛，光线柔和而且不那么刺眼。

图9.18所示是一种典型的高压钠蒸气灯。灯泡真空外罩的中间固定着一个石英管，真空灯罩是为了隔离灯管工作时产生的高温。石英管包含着少量的钠和氙气。石英管内有两根灯丝连接在灯管两端。其开启方式则与荧光灯相似。加热两根灯丝，产生电弧和高温。高温使得钠变成蒸气，在一个预定的启动周期后，灯丝中的电流断开，并在两个灯丝上加载高压，这样等离子体产生。钼金属片衬在灯丝后，带走灯丝在工作时产生的大量热量，以起到保护

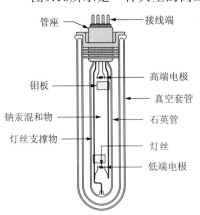

图9.18 高压钠蒸气灯

灯丝的作用。钠蒸气灯从启动到达到额定工作温度需要大约30min，所以使用钠蒸气灯的场所必须能够提供这样一段预热时间。另外一个需要注意的问题是，钠蒸气灯的内部压力非常高，石英管内的气压可以达到大

气压的许多倍。

106 标准灯头

每一种灯泡都有许多种标准灯头可供选择。一般情况下，常识会帮助我们作出选择。比如，许多手持照明设施选用中等螺旋灯头，而交通工具上多选用三脚式灯头。

图9.19所示为常用白炽灯的标准螺口灯头。中号灯头是最常用的一种灯头，灯泡功率为25~150W。而小型和烛台型灯头多用在装饰灯饰上。迷你型灯头可以用在闪光灯、指示灯及搭建积木中。中等裙边式灯头一般用在户外照明设施中，如泛光照明。偏大型灯头多用在功率较高的灯和水银灯上。大型灯头用于工业和大功率设备上。

迷你型　烛台型　偏小型　中等　中等裙边式　偏大型　大型

图9.19　标准螺口灯头

卡口灯头经常用在汽车和仪器设备中。图9.20所示为双触点和单触点灯头。双触点灯头通常用于双灯丝灯泡中，如汽车尾灯，其中一个灯丝在行驶中点亮，而另外一个更亮的则在制动时点亮。

带法兰灯头的灯泡如图9.21所示，是闪光灯和指示灯中经常用到的类型。灯泡采用螺纹接头固定在灯头中。

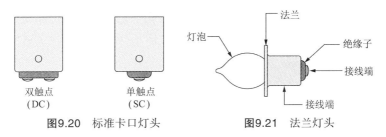

双触点　　　　单触点
（DC）　　　　（SC）

图9.20　标准卡口灯头　　　　图9.21　法兰灯头

双插头灯头如图9.22所示，经常使用在高强度灯泡上，比如卤素灯上。这种灯头多用于放映机和声像设备中。

带有凹槽灯头的灯泡，一般用在需要很小的白炽灯泡的工作场合。这些灯泡可以塞入采用弹簧卡紧的插口中。图9.23所示为典型的带有凹槽的灯泡。

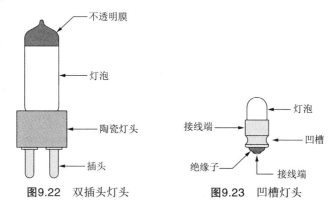

图9.22 双插头灯头　　　　图9.23 凹槽灯头

密封梁式灯头多用于汽车、建筑设备和船舶中，通常采用图中四种基本结构之一。图9.24所示为典型的密封灯头基本样式。其中，两脚的和三脚的通常用于标准接头；扁平接线片使用在标准弯曲接头上；螺栓接头则应用于连接剥皮电线或螺纹连接片。

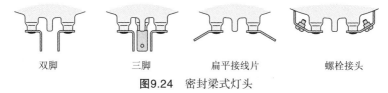

双脚　　　　三脚　　　　扁平接线片　　　　螺栓接头

图9.24 密封梁式灯头

荧光灯管通常使用中型双脚或单脚灯头如图9.25所示。隐藏双触点式是比较典型的工业应用类型，而迷你双插头灯头则使用在小型设备和仪器中。

图9.25　荧光灯管座

中型
双插头式

隐藏
双触点式

单插头式

迷你
双插头式

107 灯泡座

图9.26所示为一些商用的灯泡座。灯座通常包含多种功率、材料、开关和固定方式。图中还有可将烛台型灯泡安装于中型灯座的转接螺旋插座。

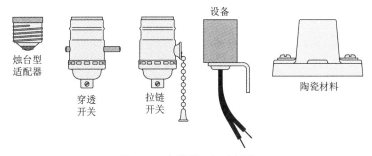

烛台型
适配器

穿透
开关

拉链
开关

设备

陶瓷材料

图9.26　中等螺口灯头插座

卡口灯座通常具有焊片式、弯脚安装式和塑料法兰式。焊片式灯座能够支撑连接有导线的灯泡。这类应用中一种更好的选择就是弯脚安装式灯座。灯座可以用螺栓螺母或空心铆钉安装。图9.27所示为三种典型的卡口座。

焊片式

弯脚
安装式

塑料法兰式

图9.27　卡口灯座

面板安装型灯座如图9.28所示，通常用在工业设备中。图中所示为面板安装型灯座的两个例子，左边的适用卡口和螺口灯头，右边的则适用于法兰灯头。

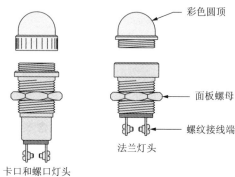

彩色圆顶

面板螺母

螺纹接线端

法兰灯头

卡口和螺口灯头

图9.28 卡口灯座

108 灯泡形状

可供选择的灯泡形状有很多种，它们是为各种可以想象得到的应用专门设计的。图9.29所示为一些常见的标准白炽灯泡。类型字母指明了典型形状，通常类型字母后会跟随一个数字，数字表示灯泡的直径，灯泡直径以1/8in为一个增量等级。举一个例子，G25号就是一个球形灯泡，直径为25乘以0.125in或$3\frac{1}{8}$in。A10号就是一个圆柱形灯泡，直径为$1\frac{1}{4}$in。

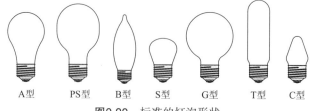

A型　　PS型　　B型　　S型　　G型　　T型　　C型

图9.29 标准的灯泡形状

泛光灯和聚光灯与标准白炽灯一样，也有它们自己的标示。图9.30所示为一些如今在商场里经常可以见到的泛光灯和聚光灯。

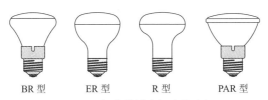

BR 型　　　　ER 型　　　　R 型　　　　PAR 型

图9.30　标准的泛光灯和聚光灯

图9.31所示为水银蒸气灯和高压钠灯的灯泡形状和标示。值得注意的是，这些灯泡通常只会安装在偏大型或大型灯头中。

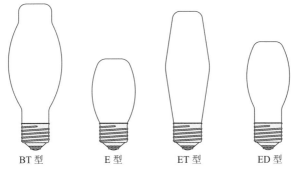

BT 型　　　　E 型　　　　ET 型　　　　ED 型

图9.31　标准高压放电灯泡形状

如今，随处可见采用螺纹灯头的紧凑型荧光灯泡，如图9.32所示。这些灯泡和同类的白炽灯相比较效率更高，因而得到广泛应用。在任何一个五金店和家居装饰商店都可以买到这种灯泡。

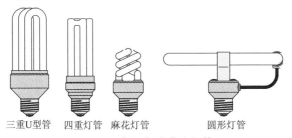

三重U型管　　四重灯管　　麻花灯管　　　　圆形灯管

图9.32　螺纹灯头荧光灯管

灯泡通常都有内置的反射装置，可分为两类：散射和聚光。泛光灯通常在灯丝后面有一个反射面，将灯丝产生的光向前反射。而灯的镜片充当一个散射体，镜片一般为磨砂型或由一系列散射镜片组成，如图

9.33所示。

聚光灯有一个抛物面形反射镜,其作用是将焦点上的点光源反射成为强光束。这种聚光灯可以是一个完整的灯泡;但是,经常会看见它采用图9.34所示的组装式结构。在这种场合,反射镜设计成在其焦点处可以安装一个高强度卤素灯泡的形式。装配时将一个散光屏蔽罩固定在平面镜片的中央。平面镜片的作用是防止尘土进入反光镜。

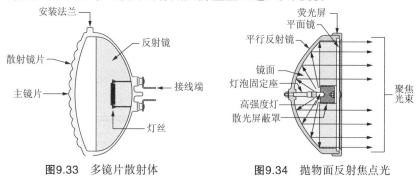

图9.33 多镜片散射体   图9.34 抛物面反射焦点光

109 氙灯

大多数人都知道照相机中使用的氙气闪光灯。如今氙气闪光灯作为一个完整的部件出现在几乎所有的照相机生产过程中。

图9.35示出了一个氙气闪光灯。玻璃灯泡中充满氙气,灯泡每一端固定一个电极。灯泡外固定一个触发板。当接线端施加高电压时,由于内部电阻非常高,不足以产生电弧。此时触发板采用短暂的连续脉冲信号激发灯泡,使得管内的氙气电离从而降低电阻。一旦电阻降低,施加在两端接线上的高压就可以接通,并形成持续的耀眼的等离子体。

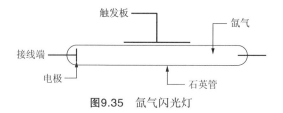

图9.35 氙气闪光灯

氙气闪光灯最常见的两种形式为直线型和U型灯管，如图9.36所示。可以看到这两种灯管外部都有触发板。

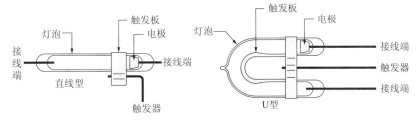

图9.36 商用的氙气闪光灯

图9.37所示为一个氙气闪光灯的基本图例。当电压施加在电路中时，C_1和C_2充满电荷。当触发板闭合时，C_2放电，在T_1原级产生一个脉冲，接下来在次级生成一个高压脉冲。氙气被电离，从而使得C_1放电，产生耀眼闪光。R_1是用来防止触发板闭合时C_1放电电流经过C_2。

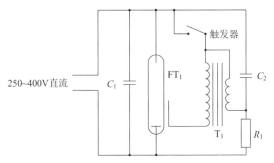

图9.37 氙气闪光灯电路

短弧氙灯是为了在稳定状态下工作而设计的，主要配置在需要极高强度的日光，且光色平和的应用设备中。短弧氙灯最显著的应用就是电影放映机，如今这种灯泡广泛应用于各电影院。

图9.38所示为一个典型的短弧氙灯。通过施加高压启动灯泡，在灯泡正常工作时灯泡两端维持在一个稍低的电压下。由于这种灯泡工作时会产生极高的温度，所以绝大多数这种设备都采用水冷方式降温。

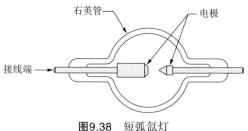

图9.38 短弧氙灯

110 碳弧灯

碳弧灯如今已经完全退出了应用舞台，从原理上说，它是被短弧氙灯所取代的。在19世纪初期，第一盏路灯采用的就是碳弧灯。碳弧灯最显著的应用可能就是探照灯。图9.39所示为含高压点火启动装置的碳弧灯。

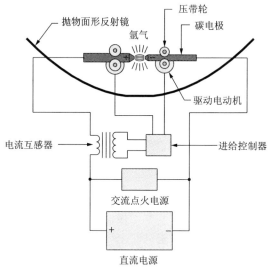

图9.39 含高压点火启动装置的碳弧灯

111 发光二极管

发光二极管是一种接通电源后能发光的二极管。通常发光二极管有两种基本型号：5mm和3mm，如图9.40所示。发光二极管可供选择的颜色有红色、黄色、绿色和白色。还有超亮型的LED适合低端的照明设备使用。这类超亮度的LED阵列多用于交通灯和汽车尾灯。这种LED也用在井下检查灯中，灯的体积不会超过一支钢笔的大小，可以挂在钥匙扣上。

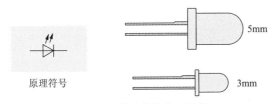

原理符号

5mm

3mm

图9.40　单独的发光二极管

图9.41所示为安装在一个标准卡口灯头上的超亮LED阵列。这种设备是标准白炽灯的新型替代品。相比于白炽灯，这种灯泡的使用寿命更长，功效更高。

LED另一个普通的应用是七段数码显示，如图9.42所示。这种设备最典型的应用是在普通的数字闹钟里。无论是白天还是晚上，明亮的红色数字都很容易看清楚。

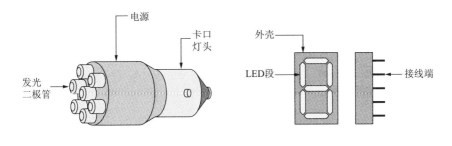

电源

卡口
灯头

发光
二极管

外壳

LED段

接线端

图9.41　LED阵列照明灯　　　　图9.42　七段LED显示

⬭112 白炽灯的安装

（1）普通式白炽灯的安装。

①吊线盒的安装见表9.1。

表9.1 吊线盒的安装

①准备好圆木与吊线盒，在圆木上钻孔后，将电源线以"左零右火"的顺序穿入圆木

②装上吊线盒，电源线穿过吊线盒穿线孔，将吊线盒用木螺钉固定在圆木上

③将穿过吊线盒的电源相线，零线分别压接在接线螺丝上

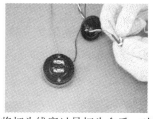

④将灯头线穿过吊灯头盒后，对灯头吊线进行打结，以防止吊线盒接线受过大的拉力

⑤将灯头线的相线、零线分别压在吊线盒的接线架上，接线牢固，多股线头应拧在一起，不能有毛刺，以防短路

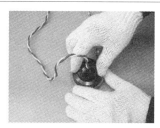

⑥旋上吊线盒盖，接线完成

②吊灯头的安装见表9.2。

表9.2 吊灯头的安装

①将电源胶织线穿入螺口灯头盖内	②将胶织线打一蝴蝶结
	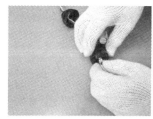
③将电源相线接在螺口灯头的中心弹簧连通的接线柱上	④将电源零线接在螺口灯头的另一接线柱上
	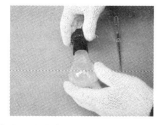
⑤接好后检查线头有无松动。线与线中间有无毛刺	⑥检查接线合格后，装上螺口灯头盖并装上螺口灯泡

113 吸顶灯的安装

吸顶灯与屋顶天花板的结合可采用过渡板安装法或直接用底盘安装法。

① 过渡板式安装。首先用膨胀螺栓将过渡板固定在顶棚预定位置。将底盘元件安装完毕后，再将电源线由引线孔穿出，然后托着底盘找过

渡板上的安装螺栓，上好螺母。因不便观察而不易对准位置时，可用一根铁丝穿过底盘安装孔，顶在螺栓端部，使底盘慢慢靠近，沿铁丝顺利对准螺栓并安装到位，如图9.43所示。

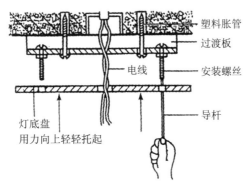

图9.43 吸顶灯经过渡板安装

② 直接用底盘安装。安装时用木螺钉直接将吸顶灯的底座固定在预先埋好在天花板内的木砖上，如图9.44所示。当灯座直径大于100mm时，需要用2~3只木螺钉固定灯座。

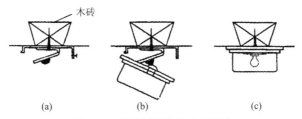

图9.44 吸顶灯直接用底座安装

114 壁灯的安装

壁灯安装在砖墙上时，应在砌墙时预埋木砖（禁止用木楔代替木砖）或金属构件。壁灯下沿距地面的高度为1.8~2.0m，室内四面的壁灯安装高度可以不相同，但同一墙面上的壁灯高度应一致。壁灯为明线敷设时，可将塑料圆台或木台固定在木砖或金属构件上，然后再将灯具基座固定在木台上，如图9.45（a）所示；壁灯为暗线敷设时，可用膨胀螺栓直接将灯具基座固定在墙内的塑料胀管中，如图9.45（b）所示；壁灯装在柱子上时，可直接将灯具基座安装在柱子上预埋的金属构件上或安装在用抱箍固定的金属构件上，如图9.45（c）所示。

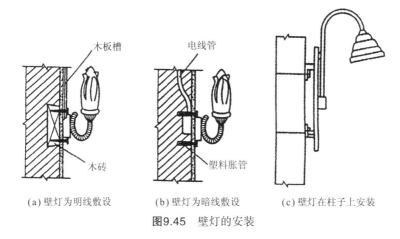

（a）壁灯为明线敷设　　　（b）壁灯为暗线敷设　　　（c）壁灯在柱子上安装

图9.45　壁灯的安装

115 白炽灯的常见故障及检修方法

白炽灯的常见故障及检修方法见表9.3。

表9.3　白炽灯的常见故障及检修方法

故障现象	产生原因	检修方法
灯泡不亮	1. 灯丝烧断 2. 电源熔丝烧断 3. 开关接线松动或接触不良 4. 线路中有断路故障 5. 灯座内接触点与灯泡接触不良	1. 更换新灯泡 2. 检查熔丝烧断的原因并更换熔丝 3. 检查开关的接线处并修复 4. 检查电路的断路处并修复 5. 去掉灯泡，修理弹簧触点，使其有弹性

故障现象	产生原因	检修方法
开关合上后熔丝立即熔断	1. 灯座内两线头短路 2. 螺口灯座内中心铜片与螺旋铜圈相碰短路 3. 线路或其他电器短路 4. 用电量超过熔丝容量	1. 检查灯座内两接线头并修复 2. 检查灯座并扳准中心铜片 3. 检查导线绝缘是否老化或损坏，检查同一电路中其他电器是否短路，并修复 4. 减小负载或更换大一级的熔丝
灯泡发强烈白光，瞬时烧坏	1. 灯泡灯丝搭丝造成电流过大 2. 灯泡的额定电压低于电源电压 3. 电源电压过高	1. 更换新灯泡 2. 更换与线路电压一致的灯泡 3. 查找电压过高的原因并修复
灯光暗淡	1. 灯泡内钨丝蒸发后积聚在玻壳内表面使玻壳发乌，透光度减低；同时灯丝蒸发后变细，电阻增大，电流减小，光通量减小 2. 电源电压过低 3. 线路绝缘不良有漏电现象，致使灯泡所得电压过低 4. 灯泡外部积垢或积灰	1. 正常现象，不必修理，必要时可更换新灯泡 2. 调整电源电压 3. 检修线路，更换导线 4. 擦去灰垢
灯泡忽明忽暗或忽亮忽灭	1. 电源电压忽高忽低 2. 附近有大电动机启动 3. 灯泡灯丝已断，断口处相距很近，灯丝晃动后忽接忽离 4. 灯座、开关接线松动 5. 保险丝接头处接触不良	1. 检查电源电压 2. 待电动机启动过后会好转 3. 及时更换新灯泡 4. 检查灯座和开关并修复 5. 紧固保险丝

116 日光灯的安装

（1）日光灯常用线路。

日光灯的常用线路如图9.46所示。

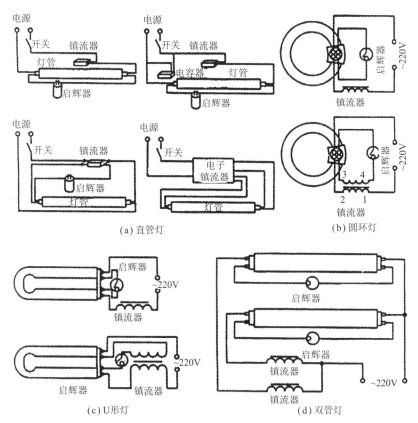

（a）直管灯　　　　　　　　　　（b）圆环灯

（c）U形灯　　　　　　　　　　（d）双管灯

图9.46　日光灯的常用线路

（2）日光灯的安装。

① 准备灯架。根据日光灯管的长度，购置或制作与之配套的灯架。

② 组装灯具。日光灯灯具的组装，就是将镇流器、启辉器、灯座和灯管安装在铁制或木制灯架上。组装时必须注意，镇流器应与电源电压、灯管功率相配套，不可随意选用。由于镇流器比较重，又是发热

体，应将其扣装在灯架中间或在镇流器上安装隔热装置。启辉器规格应根据灯管功率来确定。启辉器宜装在灯架上便于维修和更换的地点。两灯座之间的距离应准确，防止因灯脚松动而造成灯管掉落。灯具的组装示意图如图9.47所示。

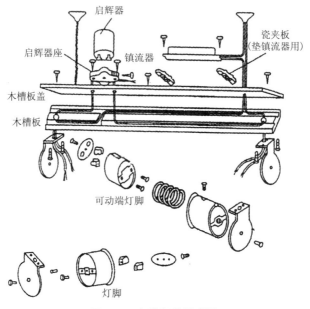

图9.47　组装灯具示意图

③ 固定灯架。固定灯架的方式有吸顶式和悬吊式两种。悬吊式又分金属链条悬吊和钢管悬吊两种。安装前先在设计的固定点打孔，预埋合适的固定件，然后将灯架固定在固定件上。

④ 组装接线。启辉器座上的两个接线端分别与两个灯座小的一个接线端连接，余下的接线端，其中一个与电源的中性线相连，另一个与镇流器的一个出线头连接。镇流器的另一个出线头与开关的一个接线端连接，而开关的另一个接线端则与电源中的一根相线相连。与镇流器连接的导线既可通过瓷接线柱连接，也可直接连接，但要恢复绝缘层。接线完毕，要对照电路图仔细检查，以免错接或漏接，如图9.48所示。

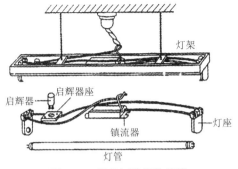

图9.48 荧光灯的组装接线

⑤ 安装灯管。安装灯管时，对插入式灯座，先将灯管一端灯脚插入带弹簧的一个灯座，稍用力使弹簧灯座活动部分向外退出一小段距离，另一端趁势插入不带弹簧的灯座。对开启式灯座，先将灯管两端灯脚同时卡入灯座的开缝中，再用手握住灯管两端头旋转约1/4圈，灯管的两个引出脚即被弹簧片卡紧，使电路接通，如图9.49所示。

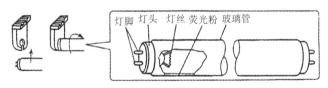

图9.49 安装灯管

⑥ 安装启辉器。最后把启辉器旋放在启辉器底座上，如图9.50所示。检查无误后，即可通电试用。

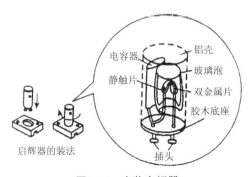

图9.50 安装启辉器

第10章 电工常用工具及仪表

117 螺丝刀

螺丝刀是用于松开或拧紧螺丝的工具。根据它的头部形状不同，可以将它分类，如图10.1所示。它用于大部分电气安装，以及维护操作中对各种扣件的加固。因此，作为一个电气专业的工作人员，在工作时必须准备各种大小、型号的螺丝刀。

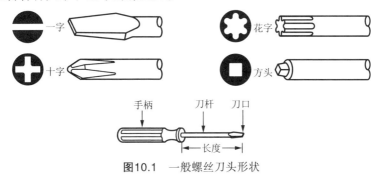

图10.1 一般螺丝刀头形状

① 一字或称标准螺丝刀用于带有一字槽螺纹的螺丝。这种螺丝常用于开关的接线端、插座和灯座的安装。螺丝刀口在工作时要与扣件的槽相吻合（图10.2），这样就可以保护刀口及螺槽，同时也可以防止操作者手受伤及刀口滑出螺槽划伤周边仪器。

② 十字螺丝刀用于带有十字螺纹的螺丝。由于十字的刀头不容易滑出螺槽造成设备金属外层的划伤，所以它常用于户外的电气装置的安装。

③ 花字刀头的螺丝刀是特别为带花字螺纹的螺丝设计的。近几年，在汽车业的产品组装过程中，花字螺丝刀的使用变得十分广泛。

④ 方头螺丝刀（也称为罗伯逊或者六角头螺丝刀）用于带有正方凹槽的螺丝。这种类型的螺丝与螺丝刀头可以形成滑动配合，这样螺丝就可以

很容易地拧入木制材料中。这种螺丝有时会用于在托梁上加固出线盒。

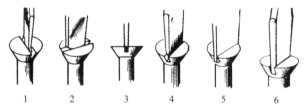

1. 对于螺槽这个刀头过窄，在有压力的操作中刀头有可能发生弯曲或破裂。
2. 刀头过钝或螺丝刀是旧的。这样的刀头在操作压力下会脱离螺槽。
3. 刀头过厚，它只会给螺槽带来损坏。
4. 凿面的刀头也会在操作中滑出螺槽，最好扔掉它。
5. 刀头与螺槽是合适的，但是它太宽了，当螺丝拧到位时，宽出的部分将会划伤木头表面。
6. 合适的刀头。它与螺槽很紧密地吻合同时不会越出槽的两端。

图10.2 一字螺丝刀（标准）的正确与错误使用

图10.3示出了一些特殊类型的螺丝刀。

① 偏置螺丝刀为很难够到的螺丝提供了操作方法。

② 有防滑保护的带有握垫的螺丝刀。

③ 可吸螺丝的螺丝刀，这种类型的螺丝刀可以在工作环境较差的时候使用。一旦开始使用，螺丝就被吸在刀头上，直到操作完毕，这就为操作提供了很大的帮助。

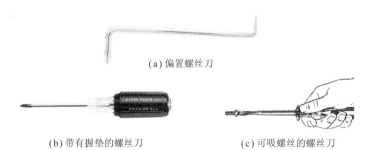

(a) 偏置螺丝刀

(b) 带有握垫的螺丝刀　　　　　　(c) 可吸螺丝的螺丝刀

图10.3 特殊类型螺丝刀

118 钳子

当需要切断电线或给电线塑形，又或想要紧夹住某个物品时，就需要各种类型的钳子来提供帮助（图10.4）。钳子是一种手动工具，它有上下两个相对的钳口，可用于特定的任务。

① 侧剪钳一般用于电线的啮合、翘曲和切割操作。

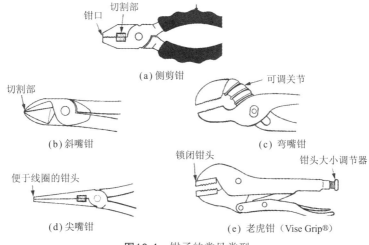

(a) 侧剪钳

(b) 斜嘴钳

(c) 弯嘴钳

(d) 尖嘴钳

(e) 老虎钳（Vise Grip®）

图10.4 钳子的常见类型

② 斜嘴钳是特别为切割电线设计的。它们用于近距离的切割工作，如清理接线板上的电线头。

③ 弯嘴钳有一个可调关节，用于啮合各种型号的物体。

④ 尖嘴钳用于电线线圈端与接线柱螺丝连接。

⑤ 老虎钳设计的钳牙可以紧钳住物体。

119 锤子

锤子一般用于钉钉子、起钉子，以及敲凿子和打孔器。锤子根据不同的锤头重量可分为很多种类，不同锤头重量的锤子是每个工具箱中必备的工具（图10.5）。羊角锤是木制结构建筑工作中最有用的工具。锤子的平面可以用来钉普通的钉子和U形钉，而羊角形的锤头可用于起钉子。

圆头锤适用于猛烈敲击的操作，包括敲击冷凿的切割操作，在混凝土表面打孔或用力将扣件击入相应位置。

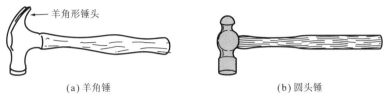

(a) 羊角锤   (b) 圆头锤

图10.5 锤子的常见类型

120 锯

锯一般用来切割部件。

① 横剖锯一般用于切割木头。

② 标准的弓形钢锯用于所有金属切割工作。以金属的型号的厚度来决定每英尺所必需的锯齿数。

③ 铨孔锯或钢丝锯是一种精密的锯子，它一般用来在操作完成后的表面或在墙板上为出线盒锯孔。

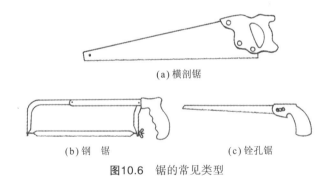

(a) 横剖锯

(b) 钢 锯   (c) 铨孔锯

图10.6 锯的常见类型

121 打孔器

定准器（冲子）（图10.7），用于标志钻孔的正确位置，它可以精确地给钻孔器提供准确的钻点。

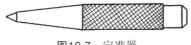

图10.7　定准器

122 扳手

扳手用于安装和拆卸各种形状的扣件。常用的扳手有开口扳手、套口扳手、套筒扳手、活动扳手和管扳手（图10.8）。扳手在使用时必须使扳头与螺帽形状相符，否则会损坏螺帽及扳手。

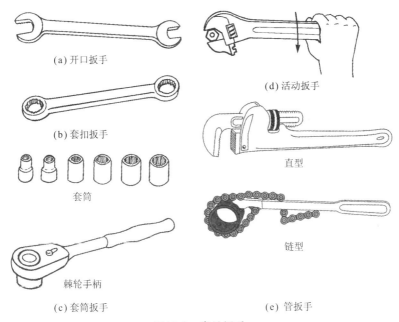

(a) 开口扳手

(d) 活动扳手

(b) 套扣扳手

套筒

直型

棘轮手柄

链型

(c) 套筒扳手

(e) 管扳手

图10.8　常见扳手

① 开口扳手用于近距离操作。在每次转动后，可以将它转回以与螺帽的另一个面相配合。

② 套扣扳手在使用过程中，是将扳头完全地套入螺帽或螺丝头再进行操作。

③ 套筒扳手可以快速地对上螺帽。这种扳手配有相应的手柄（如棘

轮手柄），它使操作变得更加快速和简单。

④ 当遇到一些奇怪形状的螺帽时，使用活动扳手将使操作变得十分便利。在使用活动手柄时，拉力要永远施加在手柄侧端的固定卡抓上。

⑤ 管扳手用于抓住并转动一些大的管子或管道。管扳手的类型包括直型、弯型、带型以及链型。

123 螺帽起子

除了一个与螺丝刀相似的手柄，螺帽起子与套筒扳手部件十分相似（图10.9）。起子的套筒用于为电子或电气仪器上的螺帽进行加紧或拆卸操作。大部分螺帽起子的杆是空的，这样它们就可以进行螺帽与长螺钉的加紧或拆卸操作。

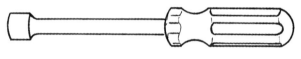

图10.9　螺帽起子

124 艾伦内六角扳手

用一个固定螺丝将一些带有六角插座的转头和控制手柄固定在一起，称之为艾伦内六角扳手（有时也叫艾伦扳手）。用于加紧或拆卸这种类型的固定螺丝（图10.10）。它们既可用于米制单位又可用于英制单位，在购买方面既可成套购买也可以单个购买。

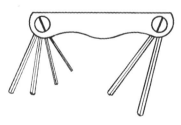

图10.10　艾伦内六角扳手

125 绝缘层剥离设备

电线与电缆的加工需要首先将绝缘层去除（图10.11）。剥皮钳用于去除直径较小电线的绝缘外层。刮刀则用于去除电缆或直径较大电线的绝缘外层。电缆绝缘剥离器用于去除非金属绝缘保护层电缆的绝缘保护层。

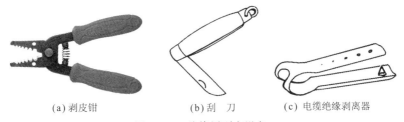

(a) 剥皮钳　　　　　　(b) 刮　刀　　　　(c) 电缆绝缘剥离器

图10.11　绝缘层剥离设备

通过以上操作将电线切好并剥去绝缘层后，就可以使用终端线夹了。通过操作终端线夹制作插头可以将电线方便地连接到设备上或从设备上移除。图10.12中给出了绝缘弯曲终端线夹及电线卷边工具的类型。

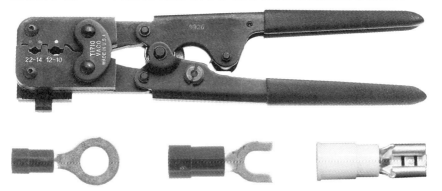

图10.12　绝缘弯曲终端线夹及电线卷边工具

126 锉

金属锉与木锉都是常用工具（图10.13）。金属锉用于去除由于切割或打孔造成的明显金属毛边。木锉则用于将插座盒装配到已加工好的墙面上。金属锉一般带有细小的锉齿，而木锉则带有较大且深的锉齿。

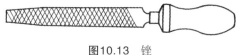

图10.13 锉

127 凿子

有两种凿子非常有用。它们是冷凿，用于有关加工金属材料；木凿，用于加工木制材料。木凿由软金属制成，并只能用于切割木头。冷凿的蘑菇状头需要被锉平，因为它会引起危险。

(a) 冷凿　　　　　　　　　　　(b) 木凿

图10.14 凿 子

128 夹片带

夹片带和卷轴（图10.15）用于将电线从隔墙或线管中拉出或放入，由金属或塑料制成。

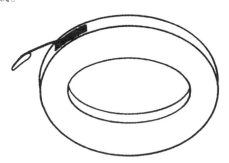

图10.15 夹片带和卷轴

129 测量工具

各种类型的卷尺和直尺都十分有用（图10.16）。钢制卷尺用于快速规划尺寸。用钢制卷尺对通电仪器进行测量时必须要注意安全。在不导电的木制折尺上有一个枢轴，这样它就可以随意打开至需要的长度。

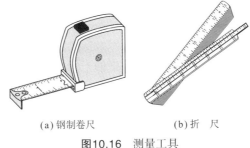

(a) 钢制卷尺   (b) 折 尺

图10.16 测量工具

130 电钻

电钻（图10.17）用于在木头、金属和混凝土上打孔。电钻的型号决定于钻轧头大小及电动机的动力大小。钻轧头是电钻的一个装置，它用于夹住螺旋状的钻头。一个3/8英寸的钻可以安装直径在3/8英寸以下的各个型号的钻头。便携两用电池驱动的电钻是一种很受欢迎的工具。旋转式风钻用于在混凝土上钻孔。

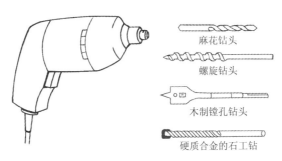

麻花钻头

螺旋钻头

木制镗孔钻头

硬质合金的石工钻

图10.17 电钻与钻头

钻头的型号取决于想要打的孔的大小、深度以及孔所在的材质。

电钻上的螺旋钻头用于在木头上钻孔。麻花钻头用于在木头和金属上钻孔。麻花钻头由碳素工具钢或高速钢制成。其中高速钻头比较昂贵，因为它可以承受高温，所以可用于在坚硬的材料上钻孔。硬质合金石工钻头用于在混凝土和石工材料上钻孔。电动螺丝刀使用一种特别的螺丝刀头可用来安装与拆卸螺丝。

131 焊接工具

如图10.18所示，焊枪是普通焊接中的一种常用工具，焊笔常用于电路板的焊接工作。根据焊头的不同精确度可将其分为多个种类。

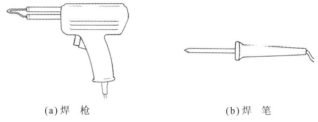

(a) 焊 枪   (b) 焊 笔

图10.18 焊接工具

132 其他工具

① 孔锯和打孔器可在电器外壳上打口，用来安装导管（图10.19）。

打孔器   孔锯

图10.19 孔锯与打孔器

② 水准仪（图10.20）用来对外壳和导管的延伸及弯曲进行水平测量。

③ 电缆切割器可对直径较大的电缆进行切割操作。对于合适的手柄及切割头，这种切割器的操作十分轻松，并且切割得十分干净（图10.21）。

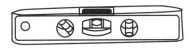

图10.20 水准仪

图10.21 电缆切割器

④ 手动螺纹车钳和台钳用来为硬质线管车螺纹，在工地的许多地方都可以找到这种工具（图10.22）。

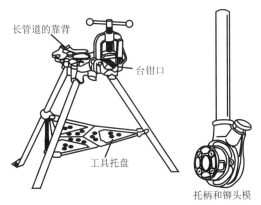

图10.22 手动螺纹车钳和台钳

⑤ 电动螺纹铣床用来在硬质管道的特定地方车螺纹（图10.23）。

⑥ 铰刀用来为硬质管道清理毛刺或从硬质管道中移除毛边（图10.24）。

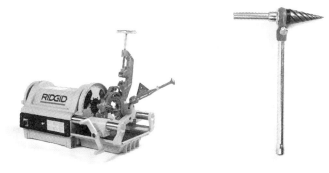

图10.23 电动螺纹铣床　　图10.24 铰刀

⑦ 管道弯管机用来将硬质管道弯曲成各种形状（图10.25）。

⑧ 螺丝模与成套铆头模用来为控制面板装配、螺钉、螺母和钢杆车螺纹（图10.26）。

⑨ 电动电线拉出器用来将大的电缆和电线拉入位置（图10.27）。

手动弯管机

液压弯管机

图10.25 管道弯管机

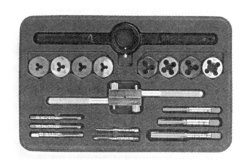

图10.26 螺丝模与成套铆头模

图10.27 电动电线拉出器

133 工具使用注意事项

为了保证高效率，工具在需要的时候必须随时在手边。所有工具可以通过使用地点和使用频率进行分组。一个可随身携带的皮质工具袋能够保证工具在安装与维修仪器时随手可得。如果是在维修台使用的工具，那么用配挂板来安置工具可能更为恰当。当工具既要在维修台使用，又要在施工现场使用时，那么最好的选择是手提式工具箱或手提式工具包或工具桶（图10.28）。

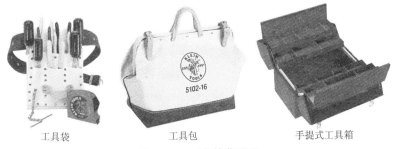

工具袋 工具包 手提式工具箱

图10.28 工具储藏用具

根据以下步骤操作，可以使工具保持良好的工作状态：

① 保持工具的洁净，并及时上油。

② 准备合适的工具储藏用具。

③ 工作中正确选择工具。

④ 工作中选择恰当的工具型号。

⑤ 保证钻、螺旋钻头和锯条的锋利。

⑥ 替换变钝的钢锯条。

⑦ 绝不要使用手柄不稳固的锉。

⑧ 更换锤头松弛的锤子。

⑨ 尖嘴钳只能用于加工细小的电线，如果随便使用，将会造成钳头破裂或弯曲。

⑩ 不能用钳子对螺帽进行操作，这样会损坏钳子与螺帽。

⑪ 不要将钳子暴露在过高温度下，这样会减弱它的韧度硬度，从而造成工具的毁坏。

⑫ 绝不要把钳子当作锤子用，也不要把锤子当作钳子用。

⑬ 当螺丝刀的刀口对于螺槽过大或过小时，不要使用。

⑭ 绝不要把螺丝刀当作撬杆或冷凿使用。

⑮ 保持焊枪及焊头洁净。

⑯ 在任何可能的情况下，使用扳手拉比推好。

⑰ 不要拿锤柄当作起子使用。

⑱ 在使用活动扳手时，始终要保证扳手大小完全胜任工作。如果使用的扳手过小将使活动颚破裂。

⑲ 在更换钢锯条时，保证安装锯条时将锯齿倾斜于手柄。

⑳ 一般塑胶把手只是为了拿起来比较舒适而并非电绝缘处理。只有经过非传导性绝缘材料处理过且标有绝缘标志的工具才是绝缘工具，不要将两者搞混。

134　万用表

（1）万用表的种类。使用万用表可以方便地测量低压电气设备、电机零件等的直流电压、直流电流、交流电压、交流电流，还能测量电阻等。万用表有模拟式及数字式两种。

① 模拟式万用表。近来模拟式万用表虽然已经不大使用，但由于一看指针位置就可以大致知道测值，以及构造简单，经久耐用等优点，仍是许多人爱用的基本工具（图10.29）。

万用表的内部装有电池（图10.30），因此可以测量电阻。要注意电池的消耗情况，长期不使用应取出电池。

图10.29　模拟式万用表

内装电池

图10.30　装在万用表内的电池

② 数字式万用表。数字式万用表在显示屏上直接显示测量的数值，测量倍率（量程）多可自动切换。数字式万用表精度高、价格低，应用广泛（图10.31）。

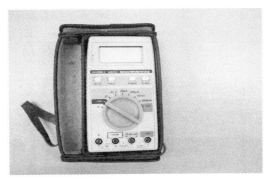

图10.31 数字式万用表

（2）万用表的使用方法。

① 测量电阻和电压降。用万用表测电阻时将旋转开关转到电阻的量程，用欧姆调整器调整好欧姆零点再测量，如图10.32所示。

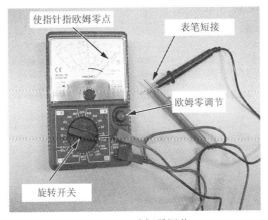

图10.32 欧姆零调节

用万用表测量时应选择指针接近最大值附近的量程。

② 能大致知道待测电阻值时转到比该电阻高一挡的电阻量程，不知道电阻值时旋转开关应转到最大量程，如图10.33所示。

③ 在选定的欧姆量程调整欧姆零点，然后测电阻值。

④ 电阻值低读数困难时，将旋转开关转到低欧姆挡，调整欧姆零点，然后测电阻值。

测试装在控制电路中电阻上的电压降时，红色表笔为+，黑色表笔为−。在测试蓄电池的电压或测电流时也要注意极性，如图10.34所示。

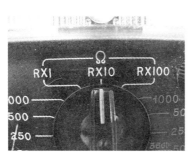

图10.33　测电阻的量程

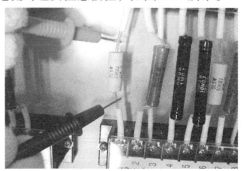

图10.34　测试电阻上的电压降

（3）测电阻的注意事项。

① 测试时手不可触及表笔的金属部分，双手接触时就是测人体电阻与待测电阻的并联值，如图10.35所示。

② 测试时电阻要与电路断离。

③ 万用表测电阻时内部的电池是电源，要注意电池的消耗（不能调节欧姆零时应更换电池）。

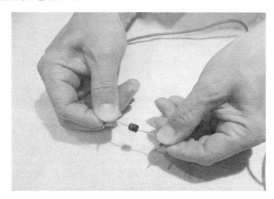

图10.35　测电阻的错误做法

（4）用指针读数。

从模拟式万用表的指针读数时一定要在指针的正上方读数，如图
10.36所示。

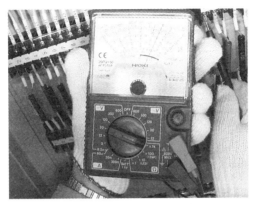

图10.36　读电阻的测量值

万用表的测电阻挡可以做以下检查：

① 检查电路是否导通。

② 简单检查二极管。

③ 简单检查电容。

（5）视觉误差。

如果万用表的指针倾斜或从侧面读数（图10.37），因视觉误差而得不
到正确的测值。必须像图10.36那样将万用表平放，在指针的正上方读数。

图10.37　错误的读数方式

（6）测试直流电压。

测试电池或整流电路等直流电压的场合将旋转开关转到直流电压挡（DC.V）与被测电压大小适应的刻度。直流电压有极性，测试前要正确区分+端与−端。测试方法如图10.38所示。

图10.38 测试直流电压

（7）测试交流电压。

不能预测电压的大小时用最大倍率的量程开始测试，再逐渐试用低倍率量程，尽量使指针最后停止在最大刻度附近为宜。测试方法如图10.39所示。

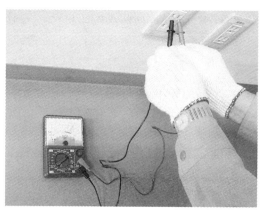

图10.39 测试交流电压

（8）测试前的零位调整。

测试中不要切换量程以免产生测试误差。表笔一般为红色和黑色，JIS规定红色为+端。表身与表笔导线的连接多使用香蕉插头。

有的万用表虽然可测试高压电路，但是指弱电的高压电路。即使万用表有测试高压的量程也不可测试强电的高压电路。调整机械零位如图10.40所示。

图10.40　测试前调整表针的机械零位

(135) 测电器（笔）

（1）测电器的种类。

测电器是为了操作者在进行电气设备作业时防止触电使用的工具。可确认电气设备是否带电，在进行涉电作业场合是不可缺少的工具。

图10.41所示为音响发光式低压测电器。图10.42所示为氖灯式测电器。图10.43所示为音响发光式高低压两用测电器。

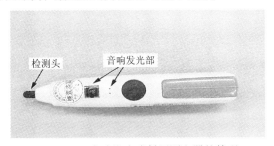

图10.41　音响发光式低压测电器的外观

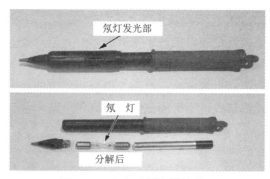

图10.42 氖灯式测电器的外观

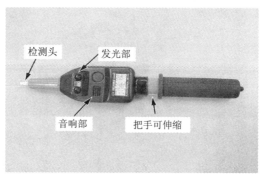

图10.43 音响发光式高低压两用测电器的外观

测电器有以下几种显示方式：

① 发光式（低压、高压）。

② 音响式（低压、高压）。

③ 音响发光式（低压、高压）。

④ 风车式（超高压）。

按测试对象区分测电器有交流用及交直流两用，按测试电压区分则有以下几种：

① 低压用。

② 高压用。

③ 高低压两用。

④ 超高压用。

（2）测电器的工作原理。

测电器按工作原理可分类为氖灯式及电子电路式。氖灯式测电器的构造简单，由氖灯与电阻组成，是很早以前就使用的测电器，其工作原理如图10.44所示。

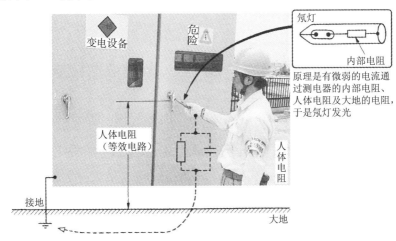

图10.44　低压氖灯式测电器的工作原理

电子电路式测电器内部有电池，使发光二极管发光，同时蜂鸣器发出声音，最近几乎都使用电子电路式的测电器，其工作原理如图10.45所示。

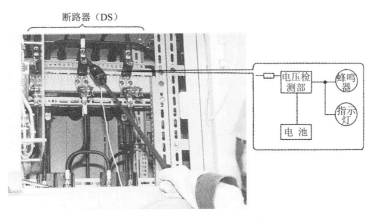

图10.45　电子电路式测电器的工作原理

（3）测电器的使用方法。

将测电器的检测头尖端接触电路，即可检测是否有电压，是检查电路是否带电的重要工具。

图10.46所示为测电器的正确用法。

图10.46   测电器的正确用法

用高压测电器检查是否带电时必须戴高压绝缘手套以免触电，如图10.47所示。

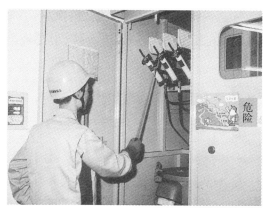

图10.47   戴高压橡胶手套后操作

一般来说，与高压带电部分的接近距离在头上30cm以内，脚下30cm以内，身旁60cm以内时必须佩戴电工安全帽和高压绝缘手套。

因此，当高低压两用伸缩式测电器（图10.48）在伸长状态使用时，不可从事高压接近作业，且必须使用保护用具。

（4）测电器的日常管理。

用测电器检查电气设备前必须先确认测电器能否正常工作。特别是电子电路式测电器，没有电池就不能工作，使用前必须先检查确认。测电器检查器如图10.49所示。

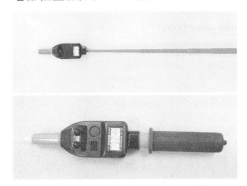

图10.48　高低压两用伸缩式测电器的外观　　图10.49　测电器检查器的正面外观

高低压两用伸缩式测电器的动作检查是将测电器的检测头尖端接触测电器检查器的"高压"部，以确定测电器能否正常工作，如图10.50所示。

低压测电器的动作检查是将测电器的检测头尖端接触测电器检查器的"低压"部，以确定测电器能否正常工作，如图10.51所示。

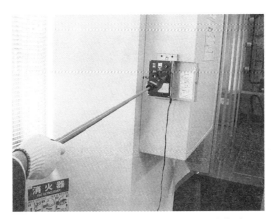

图10.50　高低压两用伸缩式测电器的动作检查

图10.51 低压测电器的动作检查

136 钳形电流表

（1）钳形电流表的种类。

钳形电流表与万用表或普通电流表不同，不必串联在电路中，因此容易测试运行中的电流。而且从大电流到微小电流都能测试，也能测试负荷电流或漏电流，是重要的现场测试仪器。钳形电流表的外观如图10.52所示。

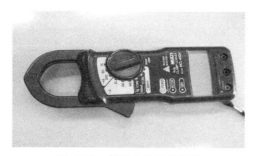

图10.52 钳形电流表的外观

钳形电流表有模拟式及数字式，目前多使用数字式（图10.53）。

图10.53 数字式钳形电流表

（2）钳形电流表的使用方法。

钳形电流表的构造及接线示于图10.54，图10.55所示为电路原理，测试方法与等效电路示于图10.56。

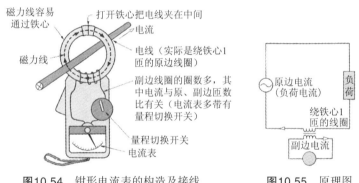

图10.54 钳形电流表的构造及接线　　　　图10.55 原理图

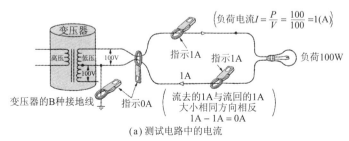

（a）测试电路中的电流

图10.56 用钳形电流表的测试示例与等效电路

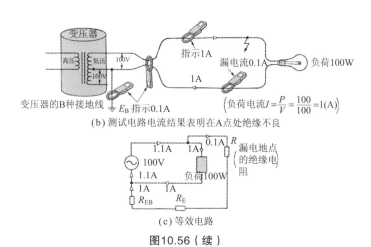

$$\left(负荷电流I = \frac{P}{V} = \frac{100}{100} = 1(A)\right)$$

（b）测试电路电流结果表明在A点处绝缘不良

（c）等效电路

图10.56（续）

（3）测试负荷电流及漏电流。

握住钳形电流表的开关把手使铁心打开后夹住要测试的电线，操作方法如图10.57所示。

图10.57 操作方法

测试负荷电流及漏电流的注意事项如下：

① 钳口所在平面与电线垂直。

② 在不易读数的地方可先锁定指示值，再拿到身边看指示值，如图10.58所示。

图10.58 测试负荷电流

③ 钳口要完全闭合。

④ 电线应尽量处于钳口中间。

⑤ 在被测电线附近尽量没有其他电线（特别是测试漏电流时会受到附近大电流电线产生磁场的影响）。

用钳口夹住电灯变压器的B种接地线，此电流就是电灯变压器的漏电流，如图10.59所示。测试动力变压器的漏电流也用同样方法。

电灯变压器的
B种接地线

图10.59 测试电灯变压器的漏电流

（4）使用钳形电流表的注意事项。

钳形电流表的钳口铁心部分是可开闭的构造（图10.60）。如果铁心接触面生锈、污损或夹入尘土异物等将加大测试误差。要经常保持铁心接触面的清洁。

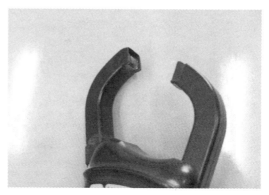

图10.60 钳形电流表钳口铁心的咬合部

勉强测量比钳口铁心内径粗的电线将增大误差，应选用适合电线尺寸的钳形电流表，如图10.61所示。

图10.61 勉强测量粗电线

一般在市场上销售的钳形电流表多用于低压电路，不可测量高压电路。测高压电路必须使用高压用钳形电流表（图10.62）。

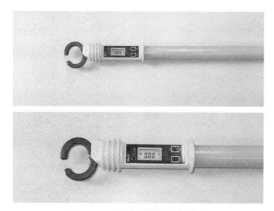

图10.62　高压用钳形电流表

（5）测试高次谐波电流。

电路中的负荷电流含有高次谐波。有的钳形电流表（图10.63）可以抽出某高次谐波只对其进行测试。负荷电流中基本频率成分叫做基波，3倍频率的成分叫做3次谐波，5倍频率的成分叫5次谐波。通常从第5次测到第25次。

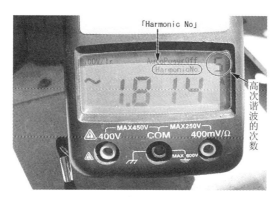

图10.63　测试各谐波成分的钳形表

① 基波的测试。将谐波编号设定在作为基波的"1"，即可测量此时的电流值，如图10.64所示。

② 2、3次谐波的测试。将谐波编号设定在作为3次谐波的"3"，即可测量此时的电流值，如图10.65所示。

图10.64 测试基波　　　　图10.65 测试3次谐波

③ 5次谐波的测试。将谐波编号设定在作为5次谐波的"5"，即可测量此时的电流值，如图10.66所示。

图10.66 第5次高次谐波的测试

④ 其他高次谐波的测试。同样可测试第7次、第9次高次谐波。如果第9次高次谐波还大，再测试第11次、第13次、第15次，如图10.67所示。

图10.67 其他高次谐波的测试

⑤ 测试微电流用的钳形电流表。图10.68所示是测试避雷器接地线电流的微电流钳形电流表。

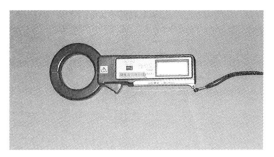

图10.68 测试微电流用的钳形电流表外观

137 绝缘电阻表

（1）绝缘电阻表的种类。

电气设备或配线都有绝缘物覆盖，使电线之间以及对地之间绝缘。

当然绝缘并不是完全不导电。当绝缘物的两端加电压时仍有极为微小的电流流过。此电流的大小为皮安（pA）到微安（μA）。根据所用的电压与电流可求得绝缘物的电阻值。

此电阻从1兆欧（MΩ）到1000兆欧左右，数值非常大，叫做绝缘电阻。测量绝缘电阻的仪表叫做绝缘电阻表。

发电机式绝缘电阻表如图10.69所示。积层电池式绝缘电阻表如图10.70所示。电池式绝缘电阻表如图10.71所示。

绝缘物会逐渐老化，绝缘性能下降，最终将导致漏电、触电、短路、火灾等事故。所以有必要对现场的电气设备、配线等绝缘物进行检查。测试绝缘电阻，确定绝缘状态是否良好。

图10.69　发电机式绝缘电阻表

图10.70　积层电池式绝缘电阻表

图10.71　最新出品的电池式绝缘电阻表

日常巡视检查确认绝缘状态的方法如下：

① 对运行中的电路主要用钳形电流表测试漏电流。

② 对不在使用的机器或配线用绝缘电阻表测试。

定期检查时确认绝缘状态的原则是要停电，用绝缘电阻表测试电路与大地之间以及电线相互之间的绝缘电阻。

（2）绝缘电阻的测试方法。

低压用的绝缘电阻表（兆欧表）有接地导线夹（earth）及电压探头（line），如图10.72所示。

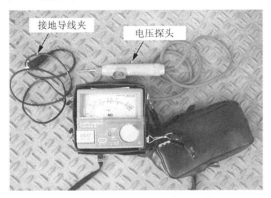

图10.72 低压用的绝缘电阻表

绝缘电阻表是通过给被测物加直流电压求电阻值，因此要根据电路的电压选用相应额定测试电压的绝缘电阻表。在低压电路中使用额定测试电压为100~500V的绝缘电阻表。

用接地导线夹（earth）夹住接地线的端子（图10.73）。当测试场所没有接地线时可以夹在电路的接地电线上（在低压电路是用中线或把低压侧的1个端子做B种接地，将其作为接地极使用）。

将电压探头（line）接触到被测电路并按下装在探头上的按钮开关，如图10.74所示。

图10.73　使用接地导线夹　　　　　图10.74　用电压探头接触电路

　　按下装在电压探头上的按钮开关的瞬间虽然能显示低的绝缘电阻值（图10.75），但测试值会随着时间渐渐增大，经过1分钟左右显示的测值能稳定。此时的数值是电路的绝缘电阻值，如图10.76所示。

　　各相都要测试，记录下其中最低的绝缘电阻值。

　　低压电路绝缘电阻的判断值见表10.1。

图10.75　加电压瞬间的指针

图10.76　指针稳定后的绝缘电阻值

表10.1　测试低压电路绝缘电阻的判断值

按使用电压区分电路	绝缘电阻值	
对地电压（非接地式电路指线间电压）	150V 以下	0.1MΩ 以上
	超过 150V 不到 300V	0.2MΩ 以上
超过 300V		0.4MΩ 以上

低压电路的绝缘电阻
低压电路的电线与大地之间以及电线线芯相互间的绝缘电阻，相对于所用电压的露电流不可超过最大供给电流的 1/2000

（3）测试高压电路的绝缘电阻。

通常用E端子法进行测试。E端子法是把绝缘电阻表的E端子（earth）夹在电路的接地端子上，再用L端子的探头接触被测电路，按下按钮（G端子不使用）保持1分针后读取的值就是绝缘电阻值。测试时要戴高压手套，如图10.77所示。

绝缘电阻表能发出高电压，测试时如果摸到电路或端子会触电。在L端子和E端子之间有额定电压1000V或5000V，必须十分注意。1000V、5000V、10 000V兆欧表的外观如图10.78所示。

 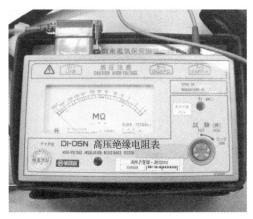

图10.77　测试时要戴高压橡胶手套　图10.78　1000V、5000V、10 000V兆欧表的外观

G端子（guard）也叫屏蔽电极或保护电极（图10.79），在绝缘物的体积电阻及表面电阻中，是为了去除外表面电阻，只测体积电阻的电极。

图10.79　G端子（屏蔽极）与E端子（接地极）

从高压电路整体来说并没有规定绝缘电阻值，但日常维护检修的大致范围见表10.2。绝缘电阻值受湿度等影响，要根据历年的数据推移及当日的气象状况等综合考虑判断。

表10.2

电路的电压	绝缘电阻的目标值
3000V	3MΩ 以上
6000V	6MΩ 以上

（4）绝缘电阻表的额定电压及主要使用示例。

绝缘电阻表（兆欧表）（图10.80）的极性是将负极接到L端子，正极接到E端子。这是因为把正极接到大地一侧的绝缘电阻小，从安全角度考虑选用这种接法。

绝缘电阻表的额定电压及主要使用示例见表10.3。绝缘电阻表的有效最大示值见表10.4。

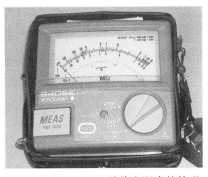

图10.80　125/250V绝缘电阻表的外观

表10.3　绝缘电阻表的额定电压及主要使用示例

额定测量电压（V）	主要使用示例
25、50	测试电话线路的机器或配线，防爆电机电路等的绝缘电阻
100、125	测试对地电压在100V以下的低压电路（电灯电路）的绝缘电阻
200、250	测试200V以下电路（动力电路）的绝缘电阻
500	测试低压配线及低压电气设备的绝缘电阻
1000	测试低压配线及低压电气设备的绝缘电阻
2000	
5000	
10000	

表10.4　绝缘电阻表的有效最大示值

额定测量电压（V）	模拟式（MΩ）	数字式（MΩ）
25、50	5、10	
100、125	10、20	
200、250	20、50	
500	50、100、1000	1、2、5、10、20、50、100、200、
1000	200、1000	500、1000、2000、3000、4000、适宜
2000		
5000	适宜	
10 000		

（5）绝缘电阻表使用前的检查及精度管理。

① 检查电池。用绝缘电阻表的测试探头（line）接触电池检查部。确认电池的容量是否在规定范围内，如图10.81所示。

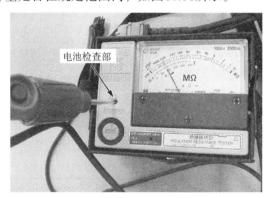

图10.81　检查电池

② 检查配给。在接地导线夹（earth）与测试探头（line）连接的状态，按下探头的开关，检查是否为0MΩ，如图10.82所示。

③ 检查精度。绝缘电阻表必须定期进行精度管理。用0、0.1MΩ、

1MΩ、10MΩ的标准电阻器抽点测试（图10.83），检查误差是否在规定值以内。误差超过规定要进行修理。

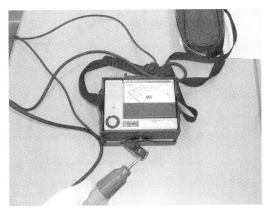

图10.82　检查配线

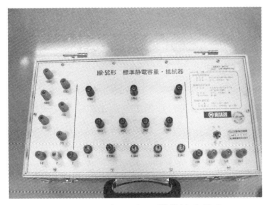

图10.83　用标准电阻器做精度检查

138 接地电阻表

（1）接地电阻。

为了使人和机器能避免因漏电引起触电、火灾的危险，对电气设备都要实施接地。接地是保证人和机器安全的重要措施。

根据接地的使用目的可将其分类如下：

① 将电力系统直接实施接地的系统接地（B种接地施工）。

② 对电气机械的外壳实施的保护接地（高压机器是A种接地施工，低压机器是C种接地施工及D种接地施工）。

③ 为抑制电路出现异常电压而实施的接地（避雷器接地，电涌吸收器接地）。

④ 为使保护装置可靠动作实施的接地（在非接地电路的中线等处设置对地短路的切断装置就是为保护装置可靠动作的接地）。

各种接地端子集中的端子盘如图10.84所示。

图10.84　将各种接地施工的端子集中的接地端子盘

（2）接地电阻测试器的种类。

测试接地电阻使用以下测试器。

① 直读式接地电阻表。是目前现场使用最多的接地电阻表。看指针可直接读出数据，其外观如图10.85所示。

② 内装发电机的接地电阻表。用图10.86所示内装发电机的接地电阻表下边的摇把使装在测试器内的发电机发电以测试电阻。

图10.85　直读式接地电阻表　　　　图10.86　内装发电机的接地电阻表

③ 大地电阻率计。在变电所等大范围实施接地的场合使用大地电阻率计来测试接地电阻，其外观如图10.87所示。

④ 钳形接地电阻表。用2个连接测试器的钳形电流互感器夹住接地线，可测试此接地线的接地电阻，其外观如图10.88所示。

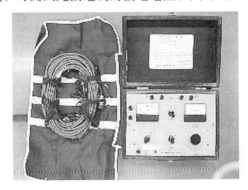 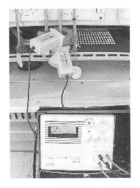

图10.87　大地电阻率计　　　　图10.88　钳形接地电阻表

（3）用钳形接地电阻表测试接地电阻。

接通电源开关后将写有"注入用电流互感器"的导线插入注入用电流互感器输入端子。接着把写有"电流互感器传感器"的导线插入电流互感器输入端子，如图10.89所示。

把注入用电流互感器夹在测接地电阻的接地线上，如图10.90所示。

 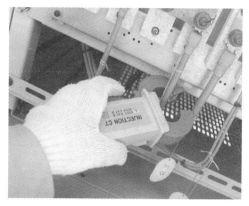

图10.89 用钳形接地电阻表测 图10.90 注入用电流互感器夹住接地线
试接地电阻

把电流互感器传感器夹在同一接地线上。此时要使两个电流互感器侧面写的箭头在同一方向，如图10.91所示。

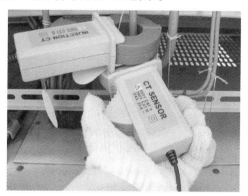

图10.91 电流互感器传感器夹住接地线

使光标位置指向"电流"，按确认键后测试流过接地线的电流，如图10.92所示。

图10.92　测试电流值

按下"菜单"按钮后显示初始画面，使光标位置指向"接地"，按确认键即开始测试，如图10.93所示。

图10.93　开始测接地电阻时的显示

大约30s后显示该接地线的接地电阻值，如图10.94所示。

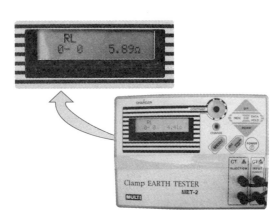

图10.94　显示接地电阻值

（4）用直读式接地电阻表测试接地电阻。

① 确定要测接地电阻的接地极埋设位置。

② 将直读式接地电阻表（图10.95）的E端子与被测物连接。

③ 在距离接地极埋设点10m以上的一直线上，向地下打入P辅助接地极。将P辅助接地极的导线连接在接地电阻表的P端子。

④ 在距离P辅助接地极10m以上的距离，再向地下打入C辅助接地极（图10.96）。将C辅助接地极的导线连接在接地电阻表的C端子上。

图10.95　直读式接地电阻表的外观

图10.96　打入辅助接地极

⑤ 测试前将切换开关拨向"检查电池"，按"测试"按钮，确认电池电压在可用范围内，如图10.97所示。

⑥ 切换开关拨向"电压测试V"，确认地电位足够小。

⑦ 切换开关拨向"接地电阻Ω"，按测试开关。缓慢旋转转盘使检流计的指针逐渐趋向零位。指针指零时转盘刻度的Ω数即所求的接地电阻值，如图10.98所示。

图10.97 按下测试开关

图10.98 转盘刻度的Ω数

（5）接地电阻的容许值。

接地电阻的容许值见表10.5。

表10.5 接地电阻的容许值

接地施工的种类	接地电阻容许值	主要使用场所
A 种接地施工	10Ω 以下	高压电气设备的外壳等的保护接地避雷器的接地
B 种接地施工	在"用150 除以电路的1 线对地短路电流"以下[①]	抑制系统电位上升的系统接地
C 种接地施工	10Ω 以下[②]	超过300V 低压电气设备的外壳保护接地

续表 10.5

接地施工的种类	接地电阻容许值	主要使用场所
D 种接地施工	100Ω 以下[③]	100V 系列及 200V 系列低压电气设备外壳的保护接地

注：① B种接地是当变压器等的高压线与低压线混触时能将低压侧电路的电位上升抑制在150V以下；从发生故障起超过1秒不到2秒切断高压侧时能缓和到300V；在1秒以内切断高压侧时能缓和到600V。

② 1线对地短路时的短路电流为10A的场合，电路的D种接地电阻容许值是150/10 = 15Ω；超过1秒不到2秒能切断是30Ω；1秒以内能切断是60Ω。

③ 对于在漏电断路器保护电路中使用的电气设备，C种接地及D种接地的接地电阻值放宽到500Ω以下。

第11章 常用电气控制线路

139 电动机正转控制线路

（1）点动控制线路（图11.1）。

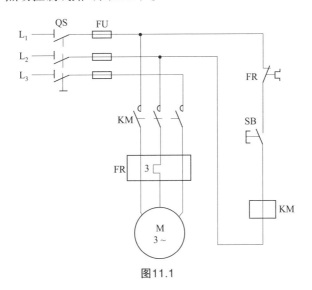

图11.1

当需要电动机工作时，按下按钮SB，交流接触器KM线圈获电吸合，使三相交流电源通过接触器主触点与电动机接通，电动机便启动运行。当放松按钮SB时，由于接触器线圈断电，吸力消失，接触器便释放，电动机断电停止运行。

（2）长动控制线路（图11.2）。

当启动电动机时合上电源开关QS，按下启动按钮SB_2，接触器KM线圈获电，KM主触点闭合使电动机M运转；松开SB_2，由于接触器KM常开辅助触点闭合自锁，控制电路仍保持接通，电动机M继续运转。停止时按SB$_1$，接触器KM线圈断电，KM主触点断开，电动机M停转。

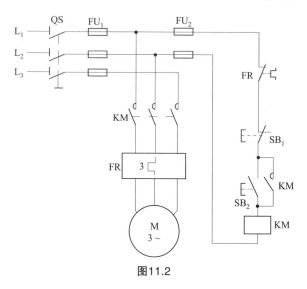

图11.2

（3）点动与连续运行控制线路（图11.3）。

需要点动控制时，按下点动复位按钮SB$_3$，其常闭触点先断开KM的自

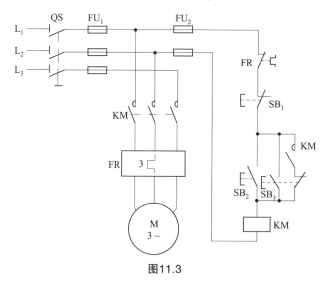

图11.3

锁电路，随后SB₃常开触点闭合，接触器KM吸合，KM主触点闭合，电动机M启动运转。松开SB₃时，KM失电释放，KM主触点断开，电动机停转。

若需要电动机连续运转，按下长动按钮SB₂，由于按钮SB₃的常闭触点处于闭合状态，将KM自锁触点接入电路，所以接触器KM获电吸合并自锁，电动机M连续运行。

（4）三地（多地点）控制线路（图11.4）。

为了操作方便，经常需要在两地或两地以上地点能启动或停止同一台电动机，这就需要多地点控制电路。通常把启动按钮并联在一起，实现多地启动控制；而把停止按钮串联在一起，实现多地停止控制。

SB₁、SB₄为第一号地点的控制按钮，SB₂、SB₅为第二号地点的控制按钮，SB₃、SB₆为第三号地点的控制按钮。

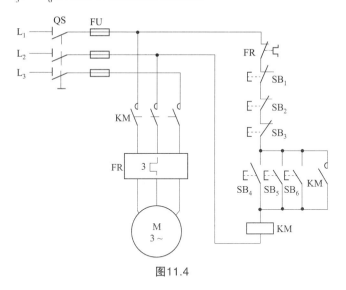

图11.4

140 电动机正反转控制线路

（1）按钮、接触器复合连锁的正反转控制线路（图11.5）。

正转启动时，按下正转启动按钮SB₂，此时SB₂常闭触点断开反转接触器KM₂线圈回路，起到互锁保护，同时SB₂常开触点闭合，接触器KM₁获电吸合，KM₁主触点闭合，电动机M正转启动运行。KM₁常闭触点断开，使KM₂线圈回路断开，从而起到可靠的互锁保护。当需要反转时，按下反转启动按钮SB₃，此时，正转回路接触器KM₁断电释放，电动机M正转停止工作。KM₁常闭触点恢复闭合，SB₃常开触点被按下接通反转接触器KM₂线圈回路，反转才能启动。

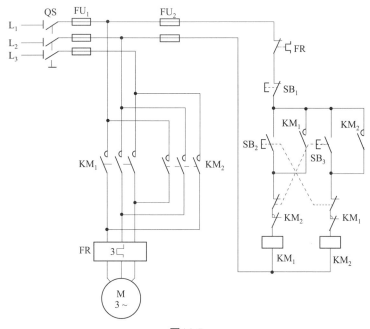

图11.5

（2）接触器连锁的点动和长动正反转控制线路（图11.6）。

复合按钮SB₃、SB₅分别为正、反转点动按钮，由于它们的动断触点分别与正、反转接触器KM₁、KM₂的自锁触点相串联，因此操作点动按钮SB₃、SB₅时，接触器KM₁、KM₂的自锁支路被切断，自锁触点不起作用，只有点动功能。按钮SB₂、SB₄分别为正、反转启动按钮，SB₁为停止按钮。

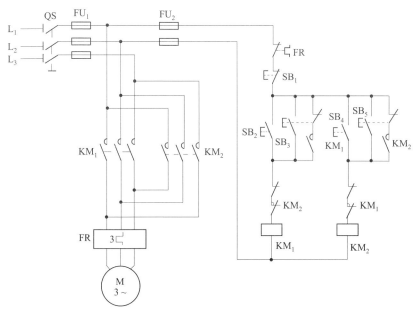

图11.6

（3）单线远程正反转控制线路（图11.7）。

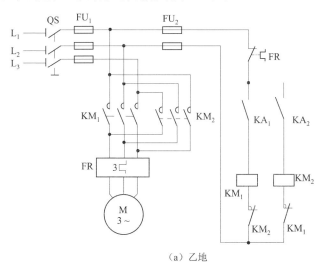

（a）乙地

图11.7

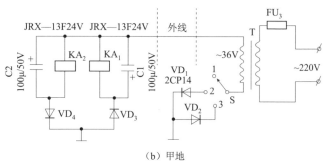

（b）甲地

图11.7（续）

用户在甲地拨动多挡开关S，当拨到位置"1"时，乙地的电动机停止；当拨到位置"2"时，乙地的电动机因交流电36V通过VD$_1$，再经过地线、大地使VD$_3$导通，继电器KA$_1$吸合，接触器KA$_1$动作，电动机开始正转运行；当拨到位置"3"时，二极管VD$_2$、VD$_4$导通，继电器KA$_2$吸合，这时KM$_2$获电吸合，电动机反转运行。

（4）自动往返控制线路（图11.8）。

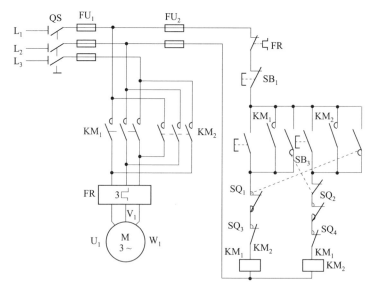

图11.8

　　按下SB₂，接触器KM₁动作，电动机启动正转，通过机械传动装置拖动工作台向左运动；当工作台上的挡铁碰撞行程开关SQ₁时，其常闭触点断开，KM₁断电释放，电动机停转；与此同时SQ₁的常开触点闭合，KM₂动作，电动机反转，拖动工作台向右运动；这时行程开关SQ₁复原。当工作台向右运动至一定位置时，挡铁碰撞行程开关SQ₂后，KM₂断电释放，电动机断电停转，同时SQ₂常开触点闭合，接通KM₁线圈电路，电动机又开始正转。这样往复循环直到工作完毕。

(141) 电动机特殊要求控制电路

（1）避免误操作的两地控制线路（图11.9）。

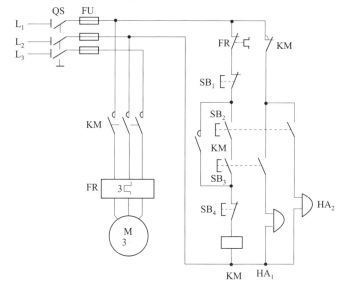

图11.9

　　需要开车时,位于甲地的操作人员按住启动按钮SB₂，这时只能使安装在乙地的蜂鸣器HA₂获电鸣响，待位于乙地的操作人员听到铃声按下启动按钮SB₃后，使安装在甲地的蜂鸣器HA₁获电鸣响，接触器KM才能获电吸合并自锁，其主触点闭合，电动机M才能启动。与此同时，KM的常闭触点断开，使HA₁、HA₂失电。

需要停车时，甲地的操作人员可以按下SB₁，乙地的操作人员可以按下SB₄。

（2）能发出开车信号的控制线路（图11.10）。

需要开车时，按下SB₂开车按钮，接触器KM₂获电吸合，电铃和灯光均发出开车信号，此时时间继电器KT₁也同时获电，经过1min后（时间可根据需要调整），KT₁常开触点闭合，接通KM₁并自锁，主电动机开始运转。同时由于KM₁的吸合，又断开了KM₂，电铃和灯泡失电停止工作。

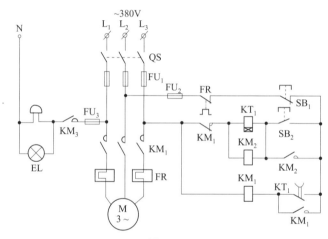

图11.10

（3）两台电动机按顺序启动同时停止的控制线路（图11.11）。

按下SB₂，接触器KM₁获电吸合并自锁，其主触点闭合，电动机M₁启动运转。KM₁的自锁触点闭合，为KM₂获电作准备。若接着按下SB₃，则接触器KM₂获电吸合并自锁，电动机M₂启动运转。

按下SB₁，接触器KM₁和KM₂均失电释放，电动机M₁和M₂同时停转。

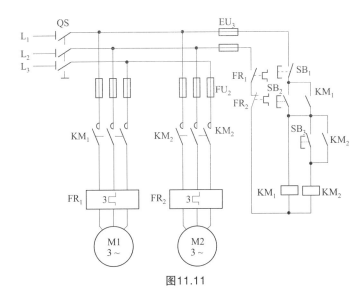

图11.11

（4）两台电动机按顺序启动逆序停止的控制线路（图11.12）。

按下SB_2，接触器KM_1获电吸合并自锁，其主触点闭合，电动机M_1启动运转。

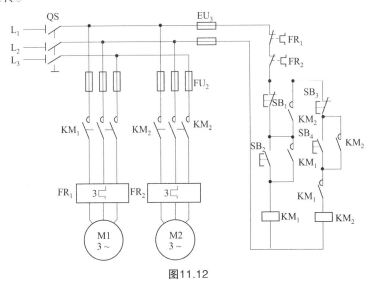

图11.12

由于KM₁的常开辅助触点作为KM₂获电的先决条件串联在KM₂线圈电路，所以只有在M₁启动后M₂才能启动，实现了按次序启动。

需要停车时，如果先按下电动机M₁的停止按钮SB₁，由于KM₂的常开辅助触点作为KM₁失电的先决条件并联在SB₁的两端，所以M₁不能停止运转，只有在按下电动机M₂的停止按钮SB₃后，接触器KM₂断电释放，M₂停止运转，这时再按下SB₁，电动机M₁才能停止运转。

（5）电动机间歇运行线路（图11.13）。

合上电源开关QS和手动开关SA，接触器KM和时间继电器KT₁获电吸合，KM主触点闭合，电动机M启动运行。当运行一段时间（由KT₁时间继电器确定）之后，KT₁延时闭合的触点闭合，接通继电器KA和时间继电器KT₂电路，KA常闭触点断开，KM失电，电动机M停止工作。经过一段时间之后，KT₂延时断开的触点断开，使继电器KA断电释放，中间继电器KA的常闭触点闭合，再次接通KM线圈电路，电动机重新启动运行。

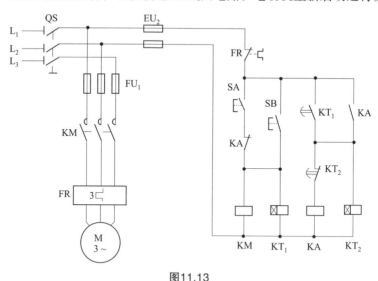

图11.13

（6）电动机短时间停电来电后自动快速再启动线路（图11.14）。

按下按钮SB₂，接触器KM获电吸合，其主触点闭合，电动机M启动运转；同时KM的常开辅助触点闭合使断电延时时间继电器KT获电吸合，

KT的瞬动常开触点和延时断开的触点闭合，使KM和KT保持吸合状态。

电动机运转后，如果供电电路出现电压波动（瞬间过低）或电网短暂停电时，KM、KT均失电释放，电动机M停止运转。同时，KT已闭合的断电延时断开触点延时断开。若在KT延时时间内电网电压恢复正常或电网短暂停电后恢复供电，KT重新获电吸合，其瞬动触点立即闭合，KM获电吸合，电动机自动再启动运转。

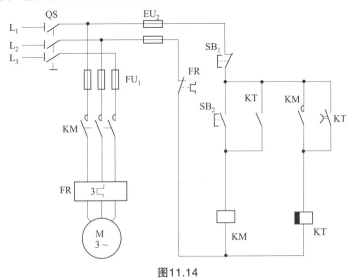

图11.14

（7）电动机长时间停电来电后自动再启动线路（图11.15）。

正常启动时，合上开关SA，电源经中间继电器KA的常闭触点使通电延时时间继电器KT获电吸合，经延时，其延时闭合的常开触点闭合，使接触器KM获电吸合，其主触点闭合，启动电动机。

若电动机运转时出现停电情况，则KM失电释放，电动机停转。无论停电时间多长，只要下次来电，时间继电器KT就能获电吸合，经延时，其延时触点闭合，使KM获电吸合并自锁，电动机启动运转。

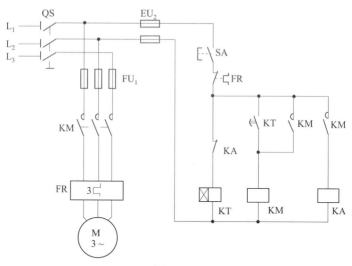

图11.15

142 电动机减压启动控制线路

（1）手动控制星形–三角形减压启动线路（图11.16）。

L_1、L_2和L_3接三相电源，U_1、V_1、W_1、U_2、V_2和W_2接电动机。当手柄转到"0"位时，8触片都断开，电动机断电不运转；当手柄转到"Y"位置时，1、2、5、6、8触片闭合，3、4、7触片断开，电动机定子绕组接成星形减压启动；当电动机转速上升到一定值时，将手柄扳到"△"位置，这时1、2、3、4、7、8触片接通，5、6触片断开，电动机定子绕组接成三角形正常运行。

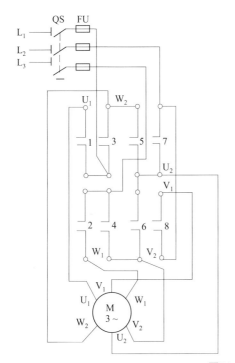

触点	手柄位置		
	0	Y	△
1		通	通
2		通	通
3			通
4			通
5		通	
6		通	
7			通
8		通	通

图11.16

（2）时间继电器控制星形-三角形减压启动线路（图11.17）。

先合上电源开关QS，按下SB₂启动按钮，KM₂、KT线圈获电，KM₂常开触点闭合，使接触器KM₁线圈获电，KM₁和KM₂主触点闭合，电动机接成星形减压启动。随着电动机转速的升高，启动电流下降，这时时间继电器KT延时到其延时动断触点断开，使KM₂线圈断电，KM₃线圈获电，KM₃主触点闭合，电动机接成三角形正常运行，这时时间继电器KT线圈也断电释放。

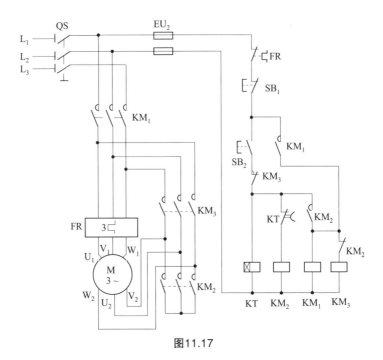

图11.17

（3）接触器控制的手动星形–三角形减压启动线路（图11.18）。

合上电源开关QS，按下启动按钮SB_2，接触器KM_1获电吸合并自锁，随后KM_3获电吸合，电动机定子绕组接成星形减压启动。当电动机转速达到正常值时，按下按钮SB_3，首先使接触器KM_3失电释放，电动机定子绕组解除星形连接，随后SB_3接通接触器KM_2线圈回路，接触器KM_2获电吸合并自锁，电动机接成三角形全压运行。

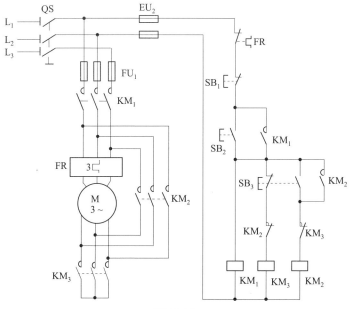

图11.18

（4）延长转换时间的星形–三角形减压启动线路（图11.19）。

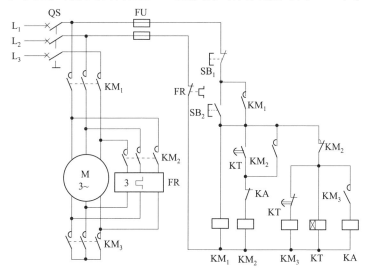

图11.19

按下启动按钮SB$_2$，接触器KM$_1$、KM$_3$和通电延时时间继电器KT获电吸合并自锁，KM$_1$、KM$_3$主触点闭合，电动机定子绕组接成星形，并接入三相电源进行减压启动。KM$_3$的辅助常开触点闭合，使中间继电器KA获电吸合，其常闭触点断开，确保KM$_2$不能获电，实现互锁。KT经过一段时间延时后，其延时断开的触点断开、延时闭合的触点闭合。接触器KM$_3$失电释放，KM$_3$的主触点和常开触点断开，接着KA失电释放，KA常闭触点复位闭合，使接触器KM$_2$获电吸合并自锁，电动机切换到三角形连接下运行。KM$_2$的常闭触点断开，使KT失电释放，并确保KM$_3$、KA不能获电，实现互锁。

（5）手动控制自耦变压器减压启动线路（图11.20）。

需要启动电动机时将手柄推向"启动"位置，此时电动机接在自耦变压器的低压侧减压启动。当电动机转速上升到一定数值时，将手柄

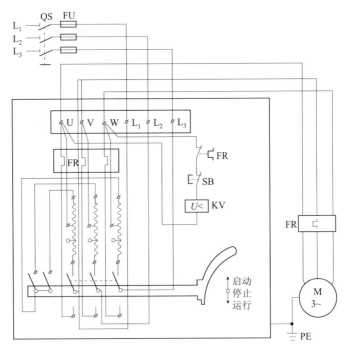

图11.20

迅速扳向"运行"位置，切除自耦变压器，使电动机直接接到三相电源上，电动机以额定电压正常运转。如要停止，只要按下停止按钮，跨接在两相电源间的失电压脱扣器线圈KV断电，衔铁释放，通过机械操作机构使手柄回到"停止"位置，电动机停止运转。

（6）时间继电器控制自耦变压器减压启动线路（图11.21）。

合上电源开关QS，按下按钮SB$_2$，接触器KM$_1$获电，KM$_1$主触点闭合，自耦变压器TM接成星形。KM$_1$常开触点闭合，使得接触器KM$_2$和时间继电器KT获电，KM$_2$主触点闭合，常开触点闭合自锁，电动机串入自耦变压器减压启动。经过一定时间后，时间继电器KT常闭触点延时断开，接触器KM$_1$线圈断电，KM$_1$主触点、常开触点断开，常闭触点闭合；KT常开触点延时闭合，接触器KM$_3$获电，KM$_3$主触点闭合，自锁触点闭合，电动机M全压运行。同时KM$_3$常闭触点断开，接触器KM$_2$断电，KM$_2$主触点断开，将自耦变压器切除。

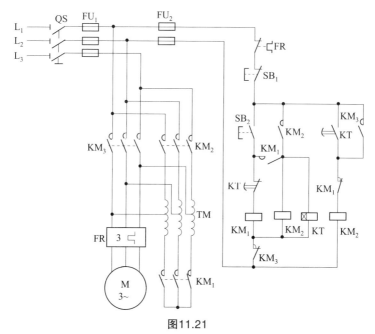

图11.21

（7）电动机定子串电阻减压启动手动切除电阻控制线路（图 11.22）。

合上电源开关QS，按下启动按钮SB_2，接触器KM_1获电吸合并自锁，其主触点闭合，主电路电源通过降压电阻R、热继电器FR的热元件加到电动机M上，电动机减压启动。经适当延时后，电动机转速接近额定转速时，按下SB_3，接触器KM_2获电吸合并自锁，KM_2的主触点闭合，将串联电阻R短接，电动机进入全压正常运转状态。同时KM_2的常闭辅助触点断开，使KM_1失电释放。

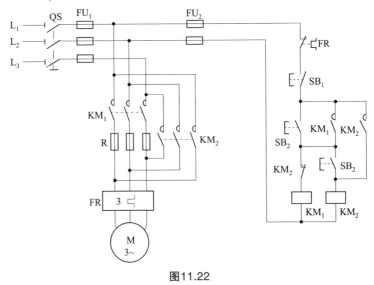

图11.22

（8）电动机定子串电阻减压启动自动切除电阻控制线路（图 11.23）。

合上电源开关QS，按下启动按钮SB_2，时间继电器KT和接触器KM_1同时获电吸合，KM_1主触点闭合，电动机接入减压电阻R减压启动。经适当延时后，时间继电器延时闭合的常开触点闭合，接触器KM_2获电吸合并自锁，KM_2主触点闭合，将串联电阻R短接，电动机进入全压正常运转状态。同时KM_2的辅助常闭触点断开，使KM_1和时间继电器KT失电释放。

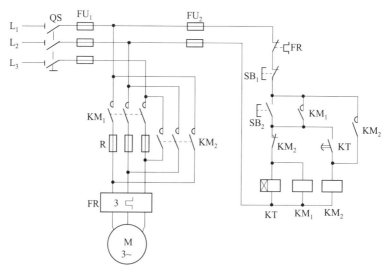

图11.23

（9）绕线转子电动机单向运行转子串频敏变阻器启动线路（图11.24）。

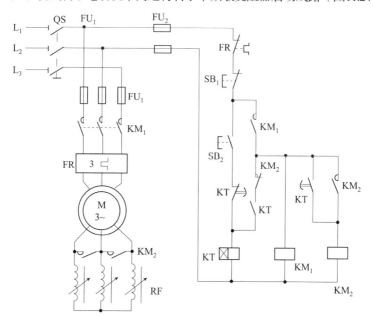

图11.24

合上电源开关QS，按下启动按钮SB$_2$，通电延时时间继电器KT获电吸合，其瞬动触点闭合，使接触器KM$_1$获电吸合，KM$_1$的主触点闭合，电动机定子绕组接电源，转子串接频敏变阻器启动。当转速上升到接近额定转速时，时间继电器延时时间到，其延时断开的触点断开，延时闭合的触点闭合，使接触器KM$_2$获电吸合，将频敏变阻器短接，电动机进入正常运行。KM$_2$的辅助常闭触点断开，使KT失电释放。

143 电动机制动控制线路

（1）电磁抱闸制动线路（图11.25）。

按下按钮SB$_2$，接触器KM动作，电动机通电，电磁抱闸的线圈YB也通电，铁芯吸引衔铁而闭合，同时衔铁克服弹簧拉力，迫使制动杠杆向上移动，从而使制动器的闸瓦与闸轮松开，电动机正常运转。按下停止按钮SB$_1$之后，接触器KM断电释放，电动机的电源被切断，电磁抱闸的线圈也同时断电，衔铁释放，在弹簧拉力的作用下使闸瓦紧紧抱住闸轮，电动机就迅速被制动停转。

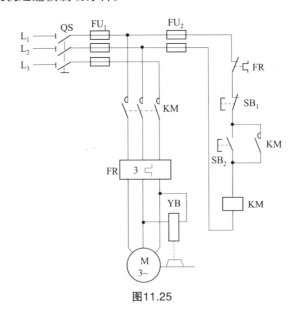

图11.25

（2）单向运转反接制动线路（图11.26）。

启动时，合上电源开关QS，按下启动按钮SB₂，接触器KM₁线圈获电，KM₁主触点闭合，电动机M启动运转。当电动机转速升高到一定数值时，速度继电器KS的常开触点闭合，为反接制动作准备。

停车时，按停止按钮SB₁，接触器KM₁断电，而接触器KM₂获电，KM₂主触点闭合，串入电阻器RB进行反接制动，电动机产生一个反向电磁转矩，即制动转矩，迫使电动机转速迅速下降；当转速降至100r/min以下时，速度继电器KS的常开触点断开，接触器KM₂断电，电动机断电，防止了反向启动。

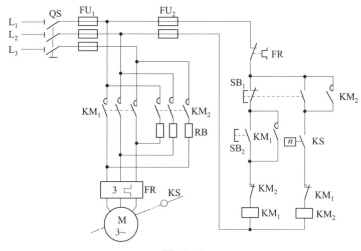

图11.26

（3）单向运转半波整流能耗制动线路（图11.27）。

启动时合上电源开关QS，按下启动按钮SB₂，接触器KM₁获电吸合并自锁，其主触点闭合，电动机启动运转。

停止制动时，按下停止按钮SB₁，接触器KM₁失电释放，其主触点断开，电动机M断电作惯性运转，同时接触器KM₂和时间继电器KT获电吸合，KM₂主触点闭合，电动机进行半波整流能耗制动。能耗制动结束后，KT常闭触点延时断开，使接触器KM₂失电释放，其主触点断开半波整流脉动直流电源。

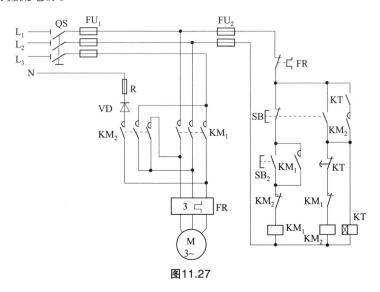

图11.27

（4）电容–电磁制动线路（图11.28）。

启动时，合上总电源开关QS，按下启动按钮SB₂，接触器KM₁获电吸合并自锁，电动机M启动并运转。

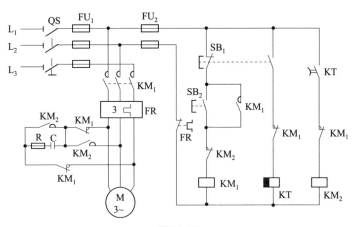

图11.28

当按下停止按钮SB₁后，KM₁失电释放，其辅助触点闭合，将电容器接入电动机的定子绕组进行电容制动。同时SB₁的常开触点闭合，使断电延时时间继电器KT获电吸合，KT延时断开的常开触点闭合，使接触器KM₂获电吸合，其主触点闭合，将三相绕组短接进行电磁制动，使电动机迅速停止转动。制动完毕，时间继电器KT失电释放，使KM₂失电释放，制动结束。

（144）电动机保护控制线路

（1）电动机过电流保护线路（图11.29）。

本例电路使用一只互感器来感应电流，在三相电动机电流超过正常工作电流时，过电流继电器KI达到吸合电流而吸合，其常闭触点断开，KM失电释放，使主回路断电，从而在过电流时保护电动机。

在电动机启动时，电流较大，用时间继电器的常闭触点先短接电流互感器，避免电动机启动电流流过KI而产生误动作。待电动机启动完毕后，电流降为正常，时间继电器KT经延时后动作，其常闭触点断开，常开触点闭合，把KI接入电流互感器线路中。

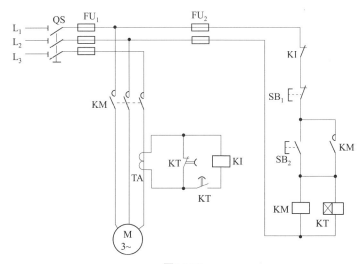

图11.29

（2）晶闸管断相保护线路（图11.30）。

合上电源开关QS，按下按钮SB_2，接触器KM获电吸合，其主触点闭合，电动机启动运行，电流互感器TA有感应信号输出，双向晶闸管VS被触发导通，起到接触器辅助触点自锁的作用。松开SB_2后，接触器KM仍保持吸合，电动机M继续运行。

当电源中的L_3相断路时，晶闸管失去触发信号而关断，KM失电释放，电动机M的电源被切断，实现断相保护。如果是L_1相或是L_2相断路，则接触器KM的线圈将失去工作条件，使KM失电释放，切断电动机电源，完成缺相保护的任务。

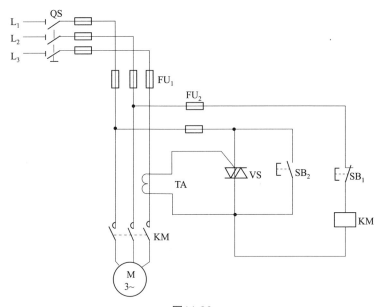

图11.30

（3）穿心式互感器与电流继电器组成的断相保护线路（图11.31）。

将电动机的3根电源线一起穿入一只穿心式互感器TA中，再将电流互感器TA与电流继电器KI连接。KI的常闭触点与接触器KM的自锁触点相串联。如果电动机断相，穿心式互感器有输出，KI动作，其常闭触点断开，KM失电释放，切断电源，电动机停转。

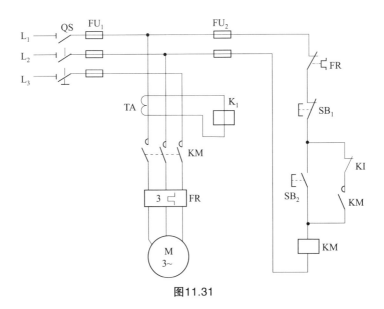

图11.31

145 其他控制线路

（1）单相照明电源双路自投线路（图11.32）。

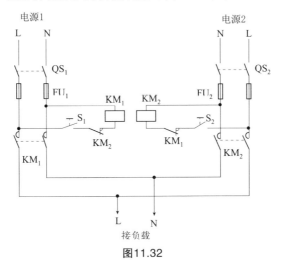

图11.32

该线路当一路电源因故停电时，备用电源能自动投入。工作时，先合上开关S_1，交流接触器KM_1吸合，由1号电源供电。然后合上开关S_2，因KM_1、KM_2互锁，此时KM_2不会吸合，2号电源处于备用状态。如果1号电源因故断电，交流接触器KM_1释放，其常闭触点闭合，接通KM_2线圈电路，KM_2吸合，2号电源投入供电。

（2）三相电源双路自投线路（图11.33）。

用电时可同时合上闸刀开关QS_1和QS_2，这时甲电源向负载供电。当甲电源因故停电时，KM_1接触器释放，这时KM_1常闭触点闭合，接通时间继电器KT线圈上的电源，时间继电器经延时数秒后，KT延时常开触点闭合，KM_2获电吸合，并自锁。由于KM_2的吸合，其常闭触点一方面断开延时继电器线圈电源，另一方面又断开KM_1线圈的电源回路，使甲电源停止供电，保证乙电源进行正常供电。如果乙电源工作一段时间停电后，KM_2常闭触点会自动接通线圈KM_1的电源换为甲电源供电。

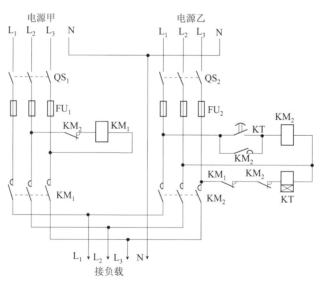

图11.33

（3）用直流电点燃日光灯线路（图11.34）。

此线路可用来直接点燃6~8W日光灯。它是由一个晶体三极管VT组成的共发射极间歇振荡器，通过变压器在二次侧感应出间歇高压振荡波，点燃日光灯。线路中的 R_1 和 R_2 为0.25W电阻， 电容 C 可在 $0.1\sim1\mu F$ 范围内选用，改变 C 的容量值，间歇振荡器的频率也会改变。变压器T的 T_1 和 T_2 为40匝，线径为0.35mm；T_3 为450匝，线径为0.21mm。

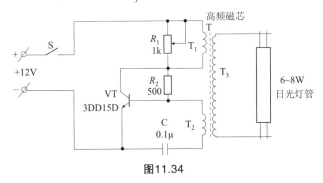

图11.34

（4）用二极管延长白炽灯寿命线路（图11.35）。

在楼梯、走廊、厕所等照明亮度要求不高的场所，可采用这个方法延长灯泡寿命，即在拉线开关内加装一只耐压大于400V、电流为1A的整流管。220V交流电源通过半波整流使灯泡只有半个周期中有电流通过，从而达到延长白炽灯寿命的目的，但灯泡亮度降低。

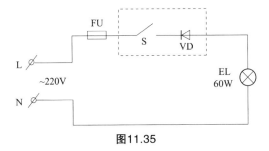

图11.35

（5）广告彩灯控制线路（图11.36）。

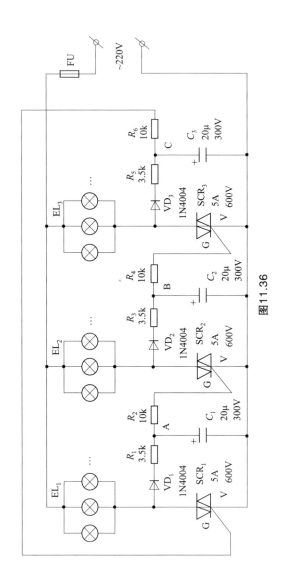

图 11.36

该电路可同时点亮6只20W彩灯，灯光呈追逐式跳动闪光。SCR_1、SCR_2、SCR_3组成相同的3个单元电路。当接通电源后，电源通过EL_1、VD_1、R_1对C_1充电，使A点电位升高。同理，B、C点电位也逐渐升高。某一组双向晶闸管会首先触发导通，如C点电位升高使SCR_1首先触发导通，EL_1灯亮，电容C_3经电阻R_6向SCR_1放电，C点电位下降，而电容C_1继续充电，A点电位升高，一段时间后，SCR_2导通，EL_2灯亮，SCR_1截止。这时电容C_1经R_2向SCR_2放电，A点电位下降，而C_2继续充电，B点电位升高，一段时间后，SCR_3导通，EL_3灯亮，SCR_2截止。以下过程相同。这样，灯泡按次序轮流发光，产生"流水式"广告彩灯效果。

（6）音乐验电笔线路（图11.37）。

电工人员在阳光很强处工作，试电笔中氖泡的亮度难以辨认，如果自制一个小型音乐验电笔配合试电笔同时使用，就能更准确地确定，电气线路上有无电压。

音乐集成电路可选用KD-482型。整个电路可装在塑料绝缘盒内，把探头引出，陶瓷蜂鸣片的盒盖上，应钻上发音孔。装好后应先在带电的设备上做实验，如探头接触带电体后会放出乐曲，说明此验电笔已能工作。

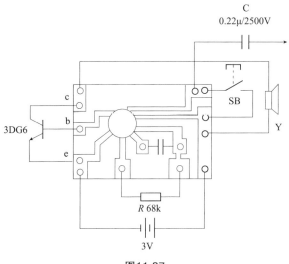

图11.37

（7）用电接点压力表做水位控制线路（图11.38）。

将电接点压力表安装在水箱底部附近，把电接点压力表的3根引线引出，接入此线路中。当开关S拨到"自动"位置时，如果水箱里面的液面处于下限时，KA_1吸合，KM获电动作，电动机水泵运转，向水箱供水；当水位液面达到上限值时，KA_2吸合，KM断开，使电动机停转，停止注水。待水箱里面的水用完，或下降到下限时，KA_1再次吸合，使水泵重新运转抽水。这样反复进行下去，达到自控水位的目的。

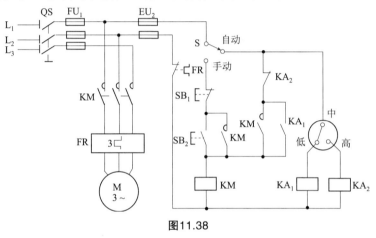

图11.38

（8）墙内导线探测仪线路（图11.39）。

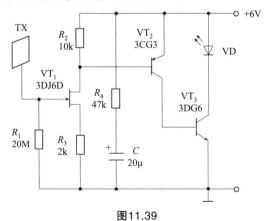

图11.39

TX是感应片。在交流导线附近感应到的交流信号，送至场效应管VT$_1$栅极，无信号时，VT$_1$的漏极输出高电平，VT$_2$、VT$_3$均截止，VD不发光。在信号的负半周，VT$_1$的栅极相对于源极为负，所以VT$_1$输出仍为高电平，VD不发光；而当信号的正半周时，VT$_1$输出低电平，VT$_2$、VT$_3$导通，VD发光。R$_2$、R$_3$和C为VT$_1$加偏压，以提高检测的灵敏度。调试时，改变R$_2$的阻值，使发光二极管刚好不能发光即可，这时，只有交流信号自感应片馈入，才会使VD发光。R$_3$选用电位器，以便随时调节装置的灵敏度。

（9）线圈短路测试仪线路（图11.40）。

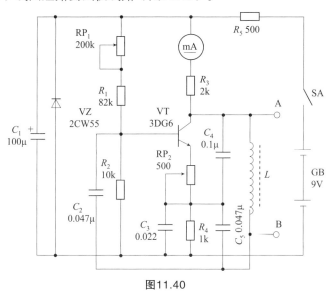

图11.40

三极管VT与电感线圈L及电容C$_4$、C$_5$等构成电容三点式振荡电路，电阻R$_5$、稳压二极管VZ和电解电容C$_1$构成简易稳压电源。当被测的电感线圈跨接到振荡回路的A、B端时，如果线圈内部无短路，因呈高阻抗，不影响振荡器工作，此时毫安表读数变化很小。如果被测线圈内部短路，呈低阻抗，造成振荡减弱或停止，这时毫安表的读数会快速下降。VT的电流放大倍数β应不小于100。L可采用MXO-2000-GU36×22的罐形磁芯，用φ0.35mm漆包线绕120匝。

（10）电力变压器自动风冷控制线路（图11.41）。

电力变压器在夏天连续运行时，自身温度会超过65℃，故需加风机进行降温否则会烧坏。图中ST$_1$为温度传感器的上限触点，ST$_2$为下限触点。当变压器运行温度升到上限值时，ST$_1$闭合，KM获电吸合，风扇启动；当温度下降到下限值时，ST$_2$闭合，KA动作切断KM线圈回路，风机停止工作。

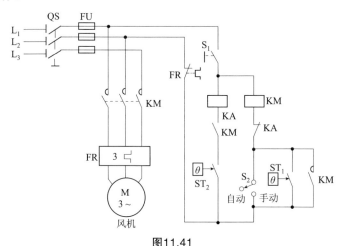

图11.41

（11）单线双向传递联络信号线路（图11.42）。

在某些生产过程中，需要两地的生产人员能传递简单的信息，以协调工作。如图所示是用一根导线传递联络信号线路。两地中各有一只双掷开关控制信号灯联络，信号灯分别装在两地，一地一个。当甲地向乙

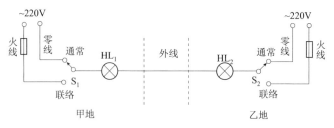

图11.42

地发联络信号时，拨动开关S₁，乙地的指示灯亮；待乙地完成甲地所指示的任务后，乙地可把开关拨至"联络"位置，通知甲地工作已完成。

（12）插座接线安全检测器线路（图11.43）。

此线路只适用于插座带有接地保护装置的线路中。当把插头插入插座时，若：

①插座内部接线正确，则所装绿色发光二极管LED₁、LED₂发亮，红色发光二极管LED₃不亮，证明用电安全正常。

②插座保护接地线断线，则发光二极管LED₁亮，而LED₂、LED₃不亮。

③插座接地线与相线相反，则发光二极管LED₁不亮，LED₂、LED₃亮，证明使用家用电器很危险。

④插座零线断线，则发光二极管LED₁、LED₃不亮，LED₂亮。

⑤零线与火线相反，则发光二极管LED₁、LED₃亮，LED₂不亮。

⑥插座火线断线，则发光二极管LED₁~LED₃均不亮。

⑦插座保护接地线断线并且家用电器外壳漏电，则发光二极管LED₁、LED₃亮，LED₂不亮，说明非常危险，应立即断开电源。

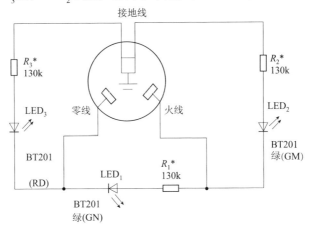

图11.43

（13）三极管全自动水位自动控制线路（图11.44）。

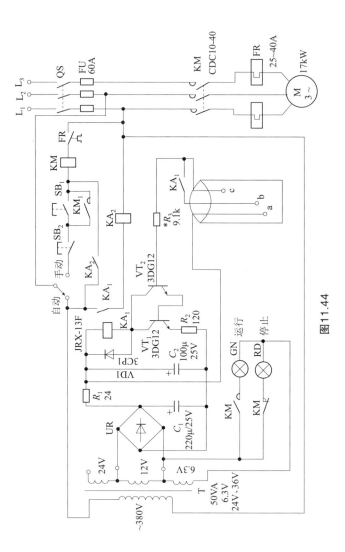

图11.44

当水箱水位高于c点时，三极管VT_2基极接高电位，VT_1、VT_2导通，继电器KA_1获电动作，使继电器KA_2也吸合，因此接触器KM_1吸合，电动机运行，带动水泵抽水。此时，水位虽下降至c点以下，但由于继电器KA_1触点闭合，故仍能使VT_1、VT_2导通，水泵继续抽水。只有当水位下降到b点以下时，VT_1、VT_2才截止，继电器KA_1失电释放，致使水箱无水时停止向外抽水。当水箱水位上升到c点时，再重复上述过程。

（14）电动葫芦控制线路（图11.45）。

电动机M_1为吊起重物或落下重物的主电动机，电动机M_2为带动起重物后向左向右运动的电动机。电动机M_1和M_2均为正反转点动控制。

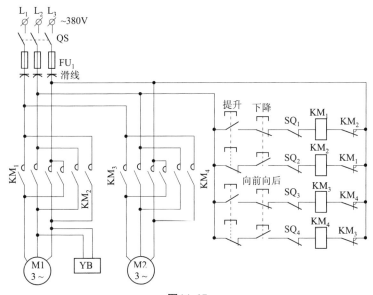

图11.45

第12章 变频器与软启动器

146 变频器的安装和使用

变频器是应用变频技术制造的一种静止的频率变换器，它是利用半导体器件的通断作用将频率固定的交流电变换成频率连续可调的交流电的电能控制装置。

（1）变频器的安装。

① 变频器应安装在无水滴、无蒸气、无灰、无油性灰尘的场所。该场所还必须无酸碱腐蚀，无易燃易爆的气体和液体。

② 变频器在运行中会发热，为了保证散热良好，必须将变频器安装在垂直方向，因变频器内部装有冷却风扇以强制风冷，其上下左右与相邻的物品和挡板必须保持足够的空间。

③ 变频器在运转中，散热片的附近温度可上升到90℃，变频器背面要使用耐温材料。

④ 将多台变频器安装在同一装置或控制箱里时，为减少相互热影响，建议横向并列安装。必须上下安装时，为了使下部的热量不至于影响上部的变频器，应设置隔板等物。箱（柜）体顶部装有引风机的，其引风机的风量必须大于箱（柜）内各变频器出风量的总和，没有安装引风机的，其箱（柜）体顶部应尽量开启，无法开启时，箱（柜）体底部和顶部保留的进、出风口面积必须大于箱（柜）体各变频器端面面积的总和，且进出风口的风阻应尽量小。

（2）变频器的使用。

① 严禁在变频器运行中切断或接通电动机。

② 严禁在变频器U、V、W三相输出线中提取一路作为单相电用。

③ 严禁在变频器输出U、V、W端子上并接电容器。

④ 变频器输入电源容量应为变频器额定容量的1.5倍到500kV·A之

间，当使用大于500kV·A电源时，输入电源会出现较大的尖峰电压，有时会损坏变频器，应在变频器的输入侧配置相应的交流电抗器。

⑤ 变频器内的电路板及其他装置有高电压，切勿以手触摸。

⑥ 切断电源后因变频器内高电压需要一定时间泄放，维修检查时，需确认主控板上高压指示灯完全熄灭后方可进行。

⑦ 机械设备需在1s内快速制动时，则应采用变频器制动系统。

⑧ 变频器适用于交流异步电动机，严禁使用带电刷的直流电动机。

147 变频器的电气控制线路

变频器接线时应注意以下几点。

① 输入电源必须接到端子R、S、T上，输出电源必须接到端子U、V、W上，若接错，会损坏变频器。

② 为了防止触电、火灾等灾害，并且降低噪声，必须连接接地端子。

③ 端子和导线的连接应牢靠，要使用接触性良好的压接端子。

④ 配完线后，要再次检查接线是否正确，有无漏接现象，端子和导线间是否短路或接地。

⑤ 通电后，需要改接线时，即使已经关断电源，主电路直流端子滤波电容器放电也需要时间，所以很危险。应等充电指示灯熄灭后，用万用表确认P、N端之间直流电压降到安全电压（DC36V以下）后再操作。

（1）主电路端子的接线。

变频器的主电路配线图如图12.1所示。

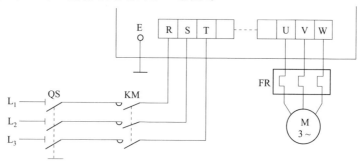

图12.1 变频器的主电路配线图

主电路端子功能说明见表12.1。

表12.1　主电路端子功能说明

种类	编号	名称
主电路端子	R（L1）	主电路电源输入
	S（L2）	
	T（L3）	
	U（T1）	变频器输出（接电动机）
	V（T2）	
	W（T3）	
	P	直流电源端子
	N	

进行主电路接线时，应注意以下几点。

① 主电路端子R、S、T经接触器和断路器与电源连接，不必考虑相序。

② 不应以主电路的通断来进行变频器的运行、停止操作。需要用控制面板上的运行键（RUN）和停止键（STOP）来操作。

③ 变频器输出端子最好经热继电器再接到三相电动机上，当旋转方向与设定不一致时，要调换U、V、W三相中的任意两相。

④ 星形接法电动机的中性点绝不可接地。

⑤ 从安全及降低噪声的需要出发，变频器必须接地，接地电阻应小于或等于国家标准规定值，且用较粗的短线接到变频器的专用接地端子上。当数台变频器共同接地时，勿形成接地回路，如图12.2所示。

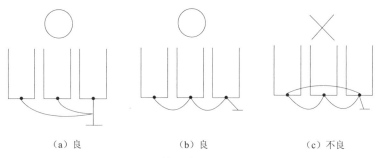

(a) 良   (b) 良   (c) 不良

图12.2　接地线不得形成回路

（2）控制电路端子的接线。变频器控制电路端子的排列如图12.3所示。

图12.3　变频器控制电路端子的排列

控制电路端子的符号、名称及功能说明见表12.2。

进行控制电路接线时，应注意以下几点。

① 控制电路配线必须与主电路控制线或其他高压或大电流动力线分隔及远离，以避免干扰。

② 控制电路配线端子P1、F2、FA、FB、FC（接点输出）必须与其他端子分开配线。

表12.2　控制电路端子功能说明

种类	编号	名称	端子功能		信号标准
运转输入信号	FR	正转/停止	闭→正转开→停止	端子RR、ES、RT、SV、DF为多功能端子（no.35~no.39）	DC24V，8mA光耦合隔离
	RR	逆转/停止	闭→逆转开→停止		
	ES	外部异常输入	闭→异常开→正常		

续表 12.2

种类	编号	名称	端子功能		信号标准
运转输入信号	RT	异常复位	闭→复位		
	SV	主速/辅助切换	闭→多段速指令1有效		
	DF	多段速指令2	闭→多段速指令2有效		
	BC	公共端	与端子FR、RR、ES、RT、SV、DF短路时信号输入		
模拟输入信号	+V	频率指令电源	频率指令设定用电源端子		+15（20mA）
	VF	频率指令电压输入	0~10V/100%频率	No.42=0VF有效	0~10V（20kΩ）
	IF	频率指令电流输入	4~20mA/100%频率	No.42=1IF有效	4~20mA（250Ω）
	CM	公共端	端子VF、IF速度指令公共端		—
	G	屏蔽线端子	接屏蔽线护套		—
运转输出信号	F1	运转中信号输出（a接点）	运转中接点闭合	多功能信号输出（no.41）	接点容量AC250V，1A以下DC30V，1A以下
	F2				
	FA	异常输出信号FA—FCa接点FB—FCb接点	异常时FA—FC闭合FB—FC断开	多功能信号输出（no.40）	
	FB				
	FC				
	FQ	频率计（电流计）输出	0~10V/100%频率（可设定0~10V/100%电流）	多功能模拟输出（no.48）	0~+10V20mA以下
	CM	公共端			

③ 为防止干扰、避免误动作发生，控制电路配线务必使用屏蔽隔离绞线。使用时，将屏蔽线接至端子G。配线距离不可超过50m。

148 变频器的实际应用线路

（1）有正反转功能变频器控制电动机正反转调速线路（图12.4）。

正转时，按下按钮SB$_1$，继电器K$_1$获电吸合并自锁，其常开触点闭合，FR-COM连接，电动机正转运行；停止时，按下按钮SB$_3$，K$_1$失电释放，电动机停止。

反转时，按下按钮SB$_2$，继电器K$_2$获电吸合并自锁，其常开触点闭

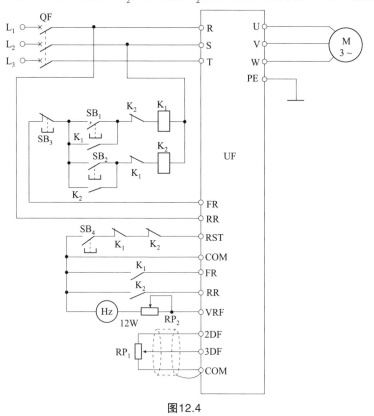

图12.4

合，RR-COM连接，电动机反转运行；停止时，按下按钮SB₃，K₂失电释放，电动机停止。

事故停机或正常停机时，复位端子RST-COM断开，发出报警信号。按下复位按钮SB₄，使RST-COM连接，报警解除。

图中的Hz为频率表，RP1为2W、1kΩ线绕式频率给定电位器，RP₂为12W、10kΩ校正电阻，构成频率调整回路。

（2）无正反转功能变频器控制电动机正反转调速线路（图12.5）。

正转时，按下按钮SB₁，中间继电器K₁获电吸合并自锁，其两副常开触点闭合，IRF-COM接通，同时时间继电器KT获电进入延时工作状态，

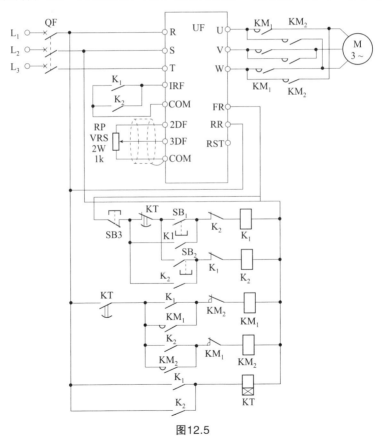

图12.5

待延时结束后，KT延时闭合触点动作，使交流接触器KM₁获电吸合并自锁，电动机正转运行。

欲要使M反转，在IRF-COM接通后，变频器UF开始运行，其输出频率按预置的升速时间上升至与给定相对应的数值。当按下停止按钮SB₃后，K₁失电释放，IRF-COM断开，变频器UF输出频率按预置频率下降至0，M停转。按下反转按钮SB₂，则反转继电器K₂获电吸合，使接触器KM₂吸合，电动机反转运行。

为了防止误操作，K₁、K₂互锁。

RP为频率给定电位器，须用屏蔽线连接。时间继电器KT的整定时间要超过电动机停止时间或变频器的减速时间。在正转或反转运行中，不可关断接触器KM₁或KM₂。

（3）电动机变频器的步进运行及点动运行线路（图12.6）。

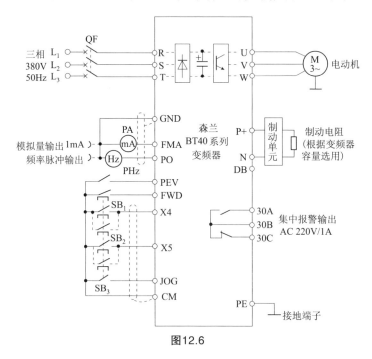

图12.6

此线路电动机在未运行时点动有效。运行/停止由REV、FWD端的状态（即开关）来控制。其中，REV、FWD表示运行/停止与运转方向，当它们同时闭合时无效。

转速上升/转速下降可通过并联开关来实现在不同的地点控制同一台电动机运行，由X4、X5端的状态（开关SB$_1$、SB$_2$）确定，虚线即为设在不同地点的控制开关。

JOG端为点动输入端子。当变频器处于停止状态时，短接JOG端与公共端（CM）（即按下SB$_3$），再闭合FWD端与CM端之间连接的开关，或闭合REV端与CM端之间连接的开关，则会使电动机M实现点动正转或反转。

（4）用单相电源变频控制三相电动机线路（图12.7）。

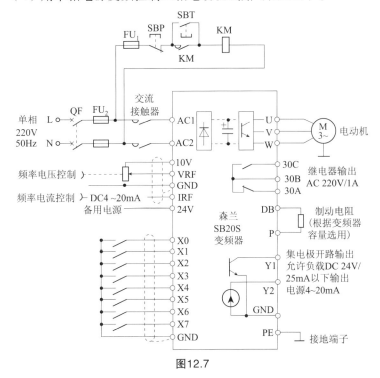

图12.7

变频控制有很多好处，例如三相变频器通入单相电源，可以方便地为三相电动机提供三相变频电源。

149 变频器检修实例

（1）艾默生TD3000系列变频器的常见故障及检修方法。

艾默生TD3000系列变频器的常见故障及检修方法见表12.3。

表12.3　艾默生TD3000系列变频器的常见故障及检修方法

故障代码	故障现象	原因	检修方法
E001	变频器加速运行过电流	1. 加速时间预置过短 2. 转矩提升预置不当 3. 瞬时停电后再启动预置不当 4. 变频器容量偏小 5. 加速中编码器故障或断线	1. 调整加速时间 2. 调整转矩提升 3. 将重合闸预置为转速跟踪方式 4. 重选变频器 5. 检查编码器及其接线
E002	变频器减速运行过电流	1. 减速时间预置过短 2. 有位能负载或负载惯性较大 3. 变频器容量偏小 4. 减速中编码器故障或断线	1. 调整减速时间 2. 外接制动电阻及制动单元调整制动使用率 3. 重选变频器 4. 检查编码器及其接线
E003	变频器恒速运行过电流	1. 电网电压偏低 2. 变频器容量偏小 3. 瞬间停电后再启动预置不当 4. 编码器突然断线 5. 负载过重	1. 检查输入电源 2. 重选变频器 3. 将重合闸预置为转速跟踪方式 4. 检查编码器及其接线 5. 检查负载或重选变频器
E004	变频器加速运行过电压	1. 输入电压异常 2. 矢量控制时，参数预置不当 3. 电动机在未停住状态下启动	1. 检查输入电源 2. 重新预置参数 3. 启动方式预置为频率跟踪启动

故障代码	故障现象	原因	检修方法
E005	变频器减速运行过电压	1. 减速时间预置过短 2. 有位能负载或负载惯性较大 3. 输入电压异常	1. 调整减速时间 2. 外接制动电阻及制动单元 3. 检查输入电源
E006	变频器恒速运行过电压	1. 输入电压发生异常变动 2. 矢量控制时，参数预置不当	1. 安装输入电抗器 2. 重新预置参数
E007	控制电源过电压	控制电源异常	1. 检查输入电源 2. 请求技术服务
E008	输入侧缺相	输入电源缺相	1. 检查输入电源 2. 检查输入电源配线
E009	输入侧缺相或开路	1. 变频器输出线断线或缺相 2. 未接电动机，预励磁超时	检查变频器输出线路
E010	功率模块故障	1. 变频器瞬间过电流 2. 变频器输出侧短路或接地 3. 变频器通风不良或风扇损坏 4. 逆变桥直通	1. 参见过电流对策 2. 检查输出线 3. 疏通风道或更换风扇 4. 请求技术服务
E011	功率模块散热器过热	1. 环境温度过高 2. 变频器通风不良 3. 风扇故障 4. 温度检测故障	1. 变频器运行环境应符合要求 2. 改善散热环境 3. 更换风扇 4. 请求技术服务
E012	整流桥散热器过热	1. 环境温度过高 2. 变频器通风不良 3. 风扇故障 4. 温度检测故障	1. 变频器运行环境应符合要求 2. 改善散热环境 3. 更换风扇 4. 请求技术服务

故障代码	故障现象	原因	检修方法
E013	变频器过载	1. 加速时间预置过短 2.U/f 曲线预置不当 3. 瞬时停电后再启动预置不当 4. 电网电压过低 5. 电动机负载过大 6. 编码器反向	1. 调整加速时间 2. 调整 U/f 曲线 3. 瞬时停电后预置为跟踪再启动 4. 检查电网电压 5. 重选变频器 6. 调整编码器接线
E014	电动机过载	1.U/f 曲线预置不当 2. 电网电压过低 3. 通用电动机低速重载长期运行 4. 电动机过载保护系数预置不当 5. 电动机堵转或负载过重 6. 编码器反向	1. 调整 U/f 曲线 2. 检查电网电压 3. 改用变频专用电动机 4. 重新预置电动机过载保护系数 5. 调整负载工况或重选变频器 6. 调整编码器接线
E015	外部设备故障	外部故障输入端子动作	检查外部设备故障原因
E016	E2PROM 读写故障	1. 外部干扰引起读写错误 2.E2PROM 损坏	1. 按 STOP/RESET 键，重试 2. 请求技术服务
E017	通用错误	1. 上位机与变频器波特率不匹配 2. 串行通道受干扰 3. 通信超时	1. 调整波特率 2. 检查通信线路的布线与屏蔽 3. 重试
E018	限流电阻的短路接触器未吸合	1. 通入电压过低或缺相 2. 接触器故障 3. 限流电阻损坏 4. 控制电路故障	1. 检查电源电压 2. 更换接触器 3. 更换限流电阻 4. 请求技术服务

故障代码	故障现象	原因	检修方法
E019	电流检测电路故障	1. 电流检测件或放大电路故障 2. 辅助电源故障 3. 控制板与驱动板接触不良	请求技术服务
E020	CPU 错误	DSP 受干扰或双通信错误	1. 按 STOP/RESET 键复位 2. 请求技术服务
E021	闭环控制时反馈断线	PID 控制时，反馈通道断线或信号低于 1V（或 4mA）	1. 检查反馈线路 2. 调整反馈信号的输入模式
E022	外部模拟量给定断线	外部模拟量给定信号电路断线或信号小于 1V（或 4mA）	1. 检查给定电路的连线 2. 调整给定信号的输入模式
E023	键盘、E2pROM 读写故障	1. 键盘读写参数发生错误 2.E2pROM 损坏	1. 按 STOP/RESET 键复位 2. 请求技术服务
E024	自测定错误	1. 电动机铭牌参数预置错误 2. 自测定结果与标准值偏差过大 3. 自测定值超时	1. 按电动机铭牌参数准确预置 2. 检查电动机与负载是否脱开 3. 检查电动机的线路
E025	编码器错误	1. 编码器信号断线 2. 编码器信号接反	1. 检查编码器连线，重新接线 2. 调整编码器方向功能参数
E026	变频器掉载	1. 矢量控制时，负载消失或减少 2. 掉载保护相关功能预置不当	1. 检查负载 2. 合理预置掉载保护功能

续表 12.3

故障代码	故障现象	原因	检修方法
E027	制动单元故障	检查制动单元和制动电阻	请求技术服务
E028	参数预置错误	1. 电动机参数预置错误 2. 变频器与电动机不匹配 3. 既预置了 PG 闭环 PID 功能，又预置了矢量控制方式	1. 正确预置电动机参数 2. 重选变频器 3. 如需要在 PG 闭环 PID 功能下运行，应预置为 V/F 控制方式

（2）康沃CVF.G2系列变频器的常见故障及检修方法。

康沃CVF.G2系列变频器的常见故障及检修方法见表12.4。

表12.4　康沃CVF.G2系列变频器的常见故障及检修方法

故障代码	故障说明	可能原因	检修方法
Er01	加速中过电流	1. 加速时间过短 2. 转矩提升过高	1. 延长加速时间 2. 降低转矩提升档次
Er02	减速中过电流	减速时间太短	增加减速时间
Er03	运行中过电流	负载发生突变	减少负载波动
Er04	加速中过电压	1. 输入电压太高 2. 电源频繁通断	1. 检查电源电压 2. 勿用通断电源启动电动机
Er05	减速中过电压	1. 减速时间太短 2. 输入电压异常	1. 延长减速时间 2. 检查电源电压，安装或重选制动电阻
Er06	运行中过电流	1. 电源电压异常 2. 运行中有再生制动状态	1. 检查电源电压 2. 安装或重选制动电阻
Er07	停机时过电压	电源电压异常	检查电源电压
Er08	运行中欠电压	1. 电源电压异常 2. 电网中有大负载启动	1. 检查电源电压 2. 与大负载分开供电

故障代码	故障说明	可能原因	检修方法
Er09	变频器过载	1. 负载过大 2. 加速时间过短 3. 转矩提升过高 4. 电网电压过低	1. 减轻负载或增大变频器容量 2. 延长加速时间 3. 降低转矩提升档次 4. 检查电网电压
Er10	电动机过载	1. 负载过大 2. 加速时间太短 3. 保护系数预置过小 4. 转矩提升过高	1. 减轻负载 2. 延长加速时间 3. 加大电动机的过载保护系数 4. 降低转矩提升档次
Er11	变频器变热	1. 风道阻塞 2. 环境温度过高 3. 风扇损坏	1. 清理风道或改善通风条件 2. 改善通风条件，降低载波频率 3. 更换风扇
Er12	输出接地	1. 变频器输出端接地 2. 变频器输出线过长	1. 检查变频器的输出线 2. 缩短输出线或降低载波频率
Er13	干扰	因受干扰而误动作	给干扰源加入吸收电路
Er14	输出缺相	变频器的输出线不良或断线	检查接线
Er15	IPM 故障	1. 输出端短路或接地 2. 负载过重	1. 检查接线 2. 减轻负载
Er16	外部设备故障	外部故障输入端有信号输入	检查信号源及相关设备
Er17	电流检测错误	电流检测器件或电路损坏辅助电源有问题	请求技术服务
Er18	RS485 通信故障	数据的发送和接收有问题	检查接线

续表 12.4

故障代码	故障说明	可能原因	检修方法
Er19	PID 反馈故障	1. 反馈信号线断开 2. 传感器发生故障 3. 反馈信号与预置不符	1. 检查反馈通道 2. 检查传感器 3. 核实反馈信号是否符合要求
Er20	与供水系统专用附件连接故障	1. 选择了多泵恒压供水, 却未选专用附件 2. 与附件的连接发生问题	1. 改用单泵恒压供水方式 2. 选购专用附件, 检查与附件的连接是否牢固

(150) 软启动器的特点

电动机软启动器是一种减压启动器, 是继星-三角启动器, 自耦减压启动器、磁控式软启动器之后, 目前最先进、最流行的启动器。它一般采用16位单片机进行智能化控制, 既能保证电动机在负载要求的启动特性下平滑启动, 又能降低对电网的冲击, 同时还能直接与计算机实现网络通信控制, 为自动化智能控制打下良好基础。

电动机软启动器有以下特点。

① 降低电动机启动电流、降低配电容量, 避免增容投资。

② 降低启动机械应力, 延长电动机及相关设备的使用寿命。

③ 启动参数可视负载调整, 以达到最佳启动效果。

④ 多种启动模式及保护功能, 易于改善工艺、保护设备。

⑤ 全数字开放式用户操作显示键盘, 操作设置灵活简便。

⑥ 高度集成微处理器控制系统, 性能可靠。

⑦ 相序自动识别及纠正, 电路工作与相序无关。

151 软启动器的实际应用线路

（1）西普SIR软启动器一台控制两台电动机线路（图12.8）。

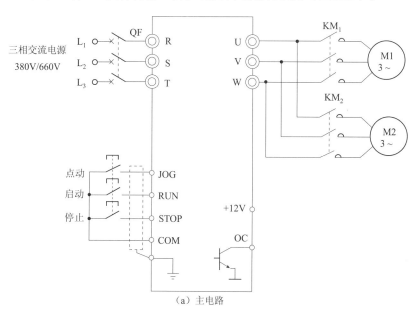

（a）主电路

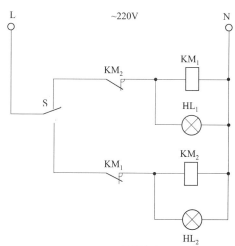

（b）控制电路

图12.8

用一台软启动器控制两台电动机，并不是指同时开机，而是开一台，另一台作备用。

此例是电动机一开一备，这就需要在软启动器外另接一部控制电路（也叫二次电路）。S为切换开关，S往上，则KM$_1$动作，为启动电动机M$_1$作准备，指示灯HL$_1$亮，HL$_2$灭；往下则KM$_1$不工作，KM$_2$工作，指示灯HL$_2$亮，HL$_1$灭。

电动机工作之前，需根据需要切换开关S，然后在STR的操作键盘上按动RUN键启动电动机；按动STOP键则停止。JOG是点动按钮，可根据需要自行设置安装。

（2）西普STR软启器一台启动两台电动机线路（图12.9）。

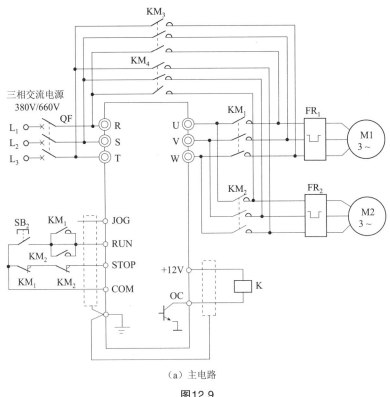

（a）主电路

图12.9

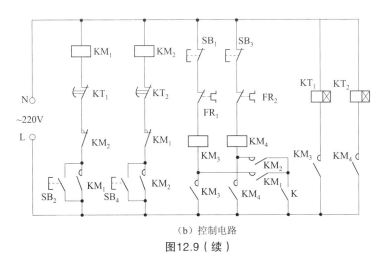

（b）控制电路

图12.9（续）

　　先操作二次电路，让KM₁吸合，为启动M₁作好准备，然后按下启动按钮SB₂。因为只有KM₁吸合后，SB₂才有效，在KN₁吸合后，旁路接触器KM₃吸合。时间继电器KT₁开始延时，延时结束后，KT₁常闭触点断开，切断KM₁。至此，由旁路接触器KM₃为M₁供电，而STR软启动器已退出运行状态。用上述同样方法，启动M₂。

　　按下二次电路中的SB₁、SB₃则M₁、M₂停止运行。

152 软启动器检修实例

　　（1）ABB　PST/PSTB软启动器的常见故障及检修方法。ABB　PST/PSTB软启动器的常见故障及检修方法如表12.5所示。

表12.5　ABB　PST/PSTB软启动器的常见故障及检修方法

故障现象	原因	检修方法
电动机有"嗡嗡"声/无启动信号时电动机启动	1. 晶闸管短路击穿 2. 旁路接触器触点粘合	1. 检查并替换 2. 检查并改正引起事故的原因

续表 12.5

故障现象	原因	检修方法
在启动和运行过程中电动机声响异常	"内接"接线不正确	检查并改正接线
在停电动机时，声响异常	降压时间不正确	试用不同的降压时间（为获得理想效果，可能要作多次调整）
如果使用硬输入启动信号，电动机是不会启动的	1. 控制连接不正确 2. 启动和停止信号同时发出 3. 键盘处于本地控制单	1. 检查启动和停止的连线 2. 检查启动和停止信号是否同时发送 3. 检查键盘是否处于本地控制菜单或检查参数总线控制是否没被激活
使用总线通信输入启动信号时，电动机不会启动	总线参数设置错误	1. 检查是否已激活总线控制 2. 检查允许是否使用 3. 检查可编程输入是否设置正确
LCD显示屏显示的电流与电动机上的电流不一致	"内线"接线方式	若软启动器"内接"接线，显示的电流应为电动机电流的58%
LCD显示屏显示的电流不稳定	1. 电动机功率太小 2. 电动机的负载太小（电流超出了可测的范围）	1. 检查软启动器是否符合电动机功率 2. 如有可能，增加负载或检查软启动器与电动机功率是否配合
参数下负载工作不正常	总线设置	根据实际使用的总线类型可参阅相关资料

（2）奥托软启动器QB$_3$、QB$_4$的常见故障及检修方法。奥托软启动器QB$_3$、QB$_4$的常见故障及检修方法如表12.6所示。

表12.6 奥托软启动器QB3、QB4的常见故障及检修方法

故障现象	原因	检修方法
通电后电源灯未亮	1. 外部电源未接入 2. 控制板故障	1. 检查电源 2. 更换控制板
启动后启动灯未亮	1.13、14端子未加入启动信号 2. 控制板故障	1. 加入启动信号 2. 更换控制板
短路保护	1. 旁路接触器未完全断开 2. 电动机缺相 3. 晶闸管短路 4. 滤波板击穿短路	1. 检修旁路接触器 2. 检修电动机及其连线 3. 更换晶闸管 4. 更换滤波板
过热保护	1. 启动结束后未旁路 2. 启动过于频繁 3. 风机损坏	1. 检查旁路接触器及其电路 2. 延长启动间隔时间 3. 更换风机
启动终止	1. 软启动器保护 2. 启动信号消失 3. 软启动器故障	1. 检查保护类型 2. 检查13、14端子 3. 检修软启动器
缺相保护	电源缺相	检查电源
旁路时跳闸	旁路接触器与软启动器相序不一致	检查接线
旁路后接触器跳开	1. 旁路接触器不能自保 2. 热继电器保护	1. 检查线路 2. 检查保护原因
启动时间很短并保护	1. 起始电压过高 2. 启动时间过短	1. 降低起始电压 2. 增加启动时间
热继电器动作	热继电器整定值偏小	增加整定值
启动时电动机电流波动较大	1. 电流互感器故障 2. 控制板故障	1. 更换电流互感器 2. 更换控制板
旁路接触器不动作	1. 外围电路故障 2. 控制板故障	1. 检查外围电路 2. 更换控制板

第13章 电工安全用电

153 安全用电基本知识

① 导线、接头、插座、接线盒要分布放置，连接应符合规范，不得乱拉乱接电线，注意导线连接处要有良好的绝缘。

② 室内布线及电气设备不可有裸露的带电体，对于裸露部分应包上绝缘带或装设罩盖。当闸刀开关罩盖、熔断器、按钮盒、插头及插座等有破损而使带电部分外露时，应及时更换，不可将就使用。

③ 在高温、潮湿和有腐蚀性气体的场所，如厨房、浴室及卫生间等，不允许安装一般的插头、插座，应选用有罩盖的防溅型插座。检修这类场所的灯具时，要特别注意防止触电，最好停电后进行。

④ 开关要装在火线上，不能装在零线上。采用螺口灯座时，火线必须接在灯座的顶心上；灯泡拧进后，金属部分不可外露。悬挂吊灯的灯头离地面的高度不应小于2m。

⑤ 安装电灯严禁用"一线一地"（即用铁丝或铁棒插入地下代替零线）的做法。

⑥ 更换灯泡时要先关闭电源，人站在木凳或干燥的木板上，使人体与地面绝缘。

⑦ 在一个插座上不应接过多的用电器；根据电度表和导线用电量限，不可超负荷用电。

⑧ 不可用湿手接触带电的开关、灯座、导线和其他带电体。

⑨ 使用家用电器，特别是新购买的电器，要事先了解其性能、特点、使用方法及注意事项，防止乱动。

⑩ 有金属外壳的家用电器，如电冰箱、电扇、电熨斗、电烙铁及电热炊具等，要用有接地极的三极插头和三孔插座，而且要求接地装置良

好或者加装漏电保护器。当不能满足这些要求时，至少应采取电气隔离措施。

⑪ 不可将照明灯、电熨斗及电烙铁等器具的导线绕在手臂上进行工作。

⑫ 用电器具出现异常，如电灯不亮、电视机无影像或无声音及电冰箱、洗衣机不启动等情况时，要先断开电源，再做修理。

⑬ 电气设备工作时，不允许以拖拉电源线的方式来搬移电器。用电设备不用时，应及时切断电源，尽量避免雨天修理户外电气设备或移动带电的电气设备。

⑭ 临时使用的电线要用绝缘电线、花线及电缆等，禁止使用裸导线，并且不得随地乱扔，要尽可能吊挂起来。临时线用完后应及时拆除，不要长久带电。临时线的绝缘性能也要符合要求，不可用老化破旧的电线。拆除临时线时需先切断电源，并从电源一端拆向负载；安装时，顺序与此相反，即线路全部安装完毕后才能接通电源。

⑮ 禁止在电线上晾衣服、挂东西，不要接近已断了的电线，更不可直接接触，雷雨时不要接近避雷装置的接地极。

⑯ 尽可能不要带电修理电器和电线。在检修前，应先用验电笔检测是否带电，经确认无电后方可工作。另外，为防止线路突然来电，应拉开闸刀开关、拔下熔断器盖并带在身上。

154 电气消防常识

在电的生产、传输、变换及使用过程中，由于线路短路、接点发热、电动机电刷打火、电动机长时间过载运行、油开关或电缆头爆炸、低压电器触头分合、熔断器熔断及电热设备使用不当等原因均可能引起电气火灾，故作为电气操作人员应该掌握必要的电气消防知识，以便在发生电气火灾时，能运用正确的灭火知识，指导和组织人员迅速灭火。

① 电气火灾的危害性很大，一旦发生，损失惨重。因此，对电气火灾一定要贯彻"预防为主、防消结合"的原则，防患于未然。

② 发生火灾时，不要惊慌，迅速报警；尽快切断电源，防止火势蔓延。

③ 不可用水和泡沫灭火器灭火（尤其是油类火警），应采用黄砂、二氧化碳、1211、四氯化碳及干粉灭火器灭火。

④ 灭火人员不可使身体及手中的灭火器碰触到有电的导线或电气设备，防止灭火时发生触电事故，如果电线断落在地上，则灭火人员最好穿绝缘鞋。

⑤ 在危急情况下，为了争取灭火的主动权，争取时间控制火势，在保证人身安全的情况下可以带电灭火，在适当时机再切断电源，但千万要注意安全。

155 安全用电注意事项

① 禁止使用一线一地。

② 电线上禁止晒衣服。

③ 不准私拉乱接电线。

④ 电视天线不要触及电线。

⑤ 不准用铜丝或铁丝代替熔丝。

⑥ 使用电钻必须戴绝缘手套。

⑦ 同一个插座上不允许接插多个大功率用电器。

⑧ 接线桩头不可外露。

⑨ 火线必须进开关。

⑩ 维修电源开关应挂警示牌。

⑪ 按正确方法拔电源插头。

⑫ 临时线路要架高。

⑬ 及时维修绝缘损坏的电器。

⑭ 螺口灯头的铜舌头必须接火线。

⑮ 带电操作时应正确接线。

⑯ 电气设备应有接地保护装置。

156 电工常用安全工具

① 绝缘棒。用来闭合或断开高压隔离开关、跌落熔断器，也可用来安装和拆除临时接地线以及用于测量和试验工作。

② 10kV绝缘夹钳。用来安装高压熔断器或进行其他需要有夹持力的电气作业时的一种常用工具。

③ 遮栏。提醒工作人员或非工作人员应注意的事项。

④ 警示牌。提醒人们注意，以防发生事故。

⑤ 绝缘橡皮垫。带电操作时用来作为与地绝缘的工具。

⑥ 绝缘站台。绝缘站台在任何电压等级的电力装置中带电工作时使用，多用于变电所和配电室。

⑦ 绝缘手套。用于在高压电气设备上进行操作。

⑧ 绝缘鞋、靴。进行高压操作时用来与地保持绝缘。

⑨ 携带型接地线。用来防止向已停电检修设备送电或产生感应电压而危及检修人员的生命安全。

⑩ 护目镜。防止眼睛受强光刺射。

157 接地和接零

① 电气上的"地"。在离开单根接地体或接地点20m以外的地方，该处的电位已近于零；电位等于零的地方，称为电气上的"地"。

② 接地装置。电气设备的接地体和接地线的总称为接地装置。接地体是指埋入地中并与大地接触的金属导体，接地线是指电气设备金属外壳与接地体相连的导体。

③ 中性点和中性线。星形连接的三相电路中，三相电源或负载连在一起的点称为三相电路的中性点，由中性点引出的线称为中性线。

④ 零点和零线。当三相电路中性点接地时，该中性点称为零点，由零点引出的线称为零线。

⑤ 保护接地的原理及其应用范围。当电气设备不接地时，如图13.1

（a）所示，若绝缘损坏，一相电源碰壳，电流经人体电阻R_r、大地和线路对地绝缘等效电阻R_j构成回路，若线路绝缘损坏，电阻R_j的阻值变小，流过人体的电流增大，便会触电；当电气设备接地时，如图13.1（b）所示，虽有一相电源碰壳，但由于人体电阻R_r的阻值远大于接地电阻R_d的阻值，所以通过人体的电流I_r极小，流过接地装置的电流I_d则很大，从而保证了人体安全。保护接地适用于中性点不接地的低压电网。在这种电网中，凡由于绝缘损坏或其他原因而可能出现危险的金属部分，如变压器、电动机、电器、照明器具的外壳和底座、配电装置的金属构架，以及配电线的钢管和电缆的金属外壳等，一般均应接地。

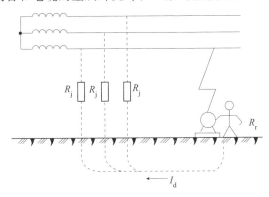

（a）未加保护接地

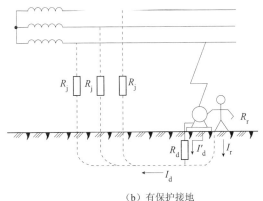

（b）有保护接地

图13.1

⑥ 保护接零的原理及其应用范围。如图13.2（a）所示，当一相绝缘损坏碰壳时，由于外壳与零线连通，形成该相对零线的单相短路，短路电流使线路上的保护装置（如熔断器、低压断路器等）迅速动作，切断电源，消除触电危险。对未接零设备，对地短路电流不一定能使线路保护装置迅速可靠动作，如图13.2（b）所示，容易造成事故。保护接零适用于低压中性点直接接地、电压220V/380V的三相四线制电网。在这种电网中，凡由于绝缘损坏或其他原因而可能出现危险电压的金属部分，一般均应接零。

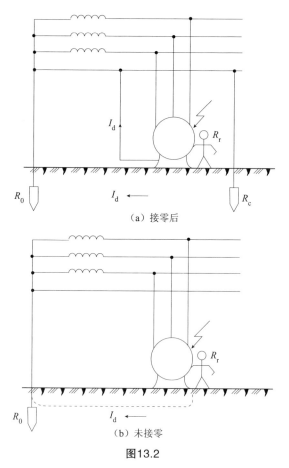

（a）接零后

（b）未接零

图13.2

158　接地的分类

① 工作接地。为保证用电设备安全运行，将电力系统中的变压器低压侧中性点接地，称为工作接地。

② 保护接地。将电动机、变压器等电气设备的金属外壳及与外壳相连的金属构架通过接地装置与大地连接起来，称为保护接地。保护接地适用于中性点不接地的低压电网。

③ 重复接地。三相四线制的零线在多于一处经接地装置与大地再次连接的情况称为重复接地。对1kV以下的接零系统，重复接地的接地电阻应不大于10Ω。

④ 防雷接地。为了防止电气设备和建筑物因遭受雷击而受损，将避雷针、避雷线、避雷器等防雷设备进行接地，称为防雷接地。

⑤ 共同接地。在接地保护系统中，将接地干线或分支线多点与接地装置连接，称为共同接地。

⑥ 其他接地。为了消除雷击或过电压的危险影响而设置的接地称为过电压保护接地。为了消除生产过程中产生的静电而设置的接地称为防静电接地。为了防止电磁感应而对电力设备的金属外壳、屏蔽罩、屏蔽线的外皮或建筑物金属屏蔽体等进行的接地称为屏蔽接地。

159　接地装置和接零装置的安全要求

表13.1

序号	要求
1	导电的连续性。必须保证电气设备至接地体之间或电气设备之间导电的连续性，不能有脱节现象
2	连接可靠，接地装置之间的连接应采用焊接和压接。不能采用焊接和压接时，可采用螺栓或卡箍连接，但必须保持接触良好。在有振动的地方应采取防松措施

序号	要求
3	要有足够的机械强度。为了保证足够的机械强度，并考虑到防腐蚀的要求，钢接地线、接零线和接地体的最小尺寸和铜、铝接零线和接地线的最小尺寸分别见表 13.1、表 13.2。铜、铝接零线和接地线只能用于低压电气设备地面上的外露部分，地下部分不得使用。携带式设备因经常移动，其接地线或接零线应采用 $0.75{\sim}1.5mm^2$ 以上的多股软铜线
4	要有足够的导电能力和热稳定性。采用保护接零时，零线应有足够的导电能力。在不利用自然导线的情况下，保护零线导电能力最好不低于火线的 1/2。对于接地短路电流系统的接地装置，应校对发生单相接地短路时的热稳定性
5	防止机械损伤。接地线或接零线尽量安装在人不易接触到的地方，以免意外损坏；但又必须是在明显处，以便于检查
6	防腐蚀。为了防止腐蚀，钢制接地装置最好镀锌，焊接处涂沥青防腐。明敷设的裸接地线和接零线可以涂漆防腐
7	要有适当的埋设深度。为了减小自然因素对接地电阻的影响，接地体上端埋设深度一般不应小于 0.6m，并应在冻土层以下

表13.2　钢接零线、接地线和接地体的最小尺寸

材料种类	地上		地下
	屋内	屋外	
圆钢直径（mm）	5	6	3
扁钢截面（mm）	24	48	48
扁钢厚度（mm）	3	4	4
角钢厚度（mm）	2	2.5	4
钢管管壁厚度（mm）	2.5	2.5	3.5

表 13.3　铜、铝接零线和接地线的最小尺寸

材料种类	铜（mm^2）	铝（mm^2）
明设的裸导体	4	6
绝缘导体	1.5	2.5
电缆接地芯或与火线包在同一保护外壳内的多芯导线的接地芯	1	1.5

160 采用保护接零时的注意事项

① 严格防止零线断线。为了严防零线断开，在零线上不允许单独装设开关和熔断器。若采用自动开关，只有当过电流脱扣器动作后同时切断火线时，才允许在零线上装设电流脱扣器。

② 严防接零和接地同时混用。在同一接零保护系统中，如果有的设备不接零而接地，将使这一系统内的所有设备都呈现危险电压。必须把这一系统内的所有电气设备的外壳与零线连接起来，构成一个零线网络，才能确保接零设备的安全。

③ 严防中性点接地线断开。接零系统中任何一点接地线碰壳都会导致接在零线上的电气设备出现近于相电压的对地电压，这对人体是十分危险的。

④ 严禁电气设备外壳的保护零线串联，应分别接零线。

⑤ 单相用电设备的工作零线和保护零线必须分开设置，不准共用一根零线。

⑥ 为了安全，系统中的零线应重复接地。例如，架空线路每隔1km处、分支端、电源进户处及重要的设备，均应重复接地。

161 接地体的埋设

① 垂直安装的接地体应与地面垂直，有效深度不得小于2m。

② 水平安装的接地离地面至少0.6m。

③ 埋入地下的接地体两者之间应保持2.5m以上的直线距离。

④ 用打桩法安装接地体时，若接地体是角钢，锤子应打击角脊处；若是钢管，锤击应集中在尖端的顶点位置。

162 防雷装置的安装与防雷保护

（1）雷击的种类。

① 直接雷击。直接雷击的强大雷电流通过物体入地在一刹那间产生大量的热能，可能使物体燃烧而引起火灾。

当雷电流经地面（或接地体）流散入周围土壤时，在它的周围形成电压降落，如果有人站在该处附近，将由于跨步电压而伤害人体。

② 雷电感应。雷电感应又称感应雷，分为静电感应和电磁感应两种。静电感应是当建筑物金属屋顶或其他导体的上空有雷云时，这些导体上就会感应出与雷云所带电荷极性相反的异性电荷。当雷云放电后，放电通道中的电荷迅速中和，但聚集在导体的电荷却来不及立刻流散，其残留的电荷形成很高的对地电位。这种"静电感应电压"可能引起火花放电，造成火灾或爆炸。

③ 雷电波侵入。雷电波侵入又称高电位引入。由于架空线路或金属管道遭受直接雷击，或者由于雷云在附近放电使导体上产生感应雷电波，其冲击电压引入建筑物内，可能发生人身触电、损坏设备或引起火灾等事故。

（2）防雷设备。

① 避雷针。避雷针适用于保护细高的建筑物或构筑物，如烟囱和水塔等，或用来保护建筑物顶面上的附加突出物，如天线、冷却塔。避雷针可以用圆钢或钢管制作，把顶端砸尖，以利于尖端放电。

② 避雷带。避雷带是沿着建筑物的屋脊、屋檐、屋角及女儿墙等易受雷击部位敷设的带状金属线。

③ 避雷网。避雷网是由避雷带在较重要的建筑物或面积较大的屋面上，纵横敷设组合成矩形平面网络，或以建筑物外形构成一个整体较密

的金属大网笼，实行较全面的保护。

④ 阀型避雷器。当线路正常运行时，避雷器的火花间隙将线路与地隔开，当线路出现危险的过电压时，火花间隙即被击穿，雷电流通过阀片电阻泄入大地，从而起到了保护电气设备的目的。

在中性点非直接接地的电力系统中，阀型避雷器的额定电压不应低于设备的最高运行线电压。保护旋转电动机中性点绝缘的阀型避雷器的额定电压不能低于该电动机运行时的最高相电压。

⑤ 管型避雷器。当线路上遭受雷击时，在大气过电压作用下，管型避雷器的外间隙和内间隙被相继击穿，雷电流通过接地体流入大地。

选择管型避雷器时要检验其安装处的短路电流值是否在其工频短路有效值的上下限范围以内。若超出上限，避雷器要爆炸；若低于下限，避雷器不能消弧，反而导致烧毁。

⑥ 保护间隙。在正常情况下，带电部分与大地被间隙隔开；而当线路落雷时，间隙被击穿后，雷电流就被泄入大地，使线路绝缘子或其他的电气设备不致发生击穿短路事故。

保护间隙在运行中应加强维护检查，特别要注意其间隙是否烧毁，间隙距离有无变动，接地是否完好等。

(163) 防雷装置的安装

① 引下线的安装。引下线的安装路径应短而直，其紧固件和金属支持件均应镀锌。

② 接地装置的安装。与一般电气设备接地装置安装大致相同，常见的有环形和放射式两种。

③ 接闪器的安装。接闪器的安装一般采用明设，避雷针的针体均应镀锌。

(164) 防雷保护

① 家用电器防雷。在低压线路进入室内前安装一组氧化锌无间隙避

雷器，然后在室内再装防雷电源插座。这样，就构成三道防雷保护，更安全。

② 坡顶防雷。坡屋顶建筑物的防雷，既可在坡屋顶建筑物的墙壁上装设避雷针，也可装设避雷带，其做法是用8mm圆钢沿最容易遭受雷击的屋角、屋脊、屋檐以及沿屋顶凸起的金属构筑物（如烟囱、透气孔）敷设。

③ 无女儿墙平屋顶防雷。屋顶无女儿墙时，避雷网安在屋顶排水沟外沿。安装时先在混凝土结构上打孔、下支座，支座间距为1m。如果屋面较大，要在屋面上做网格，用水泥墩做支座。

④ 有女儿墙平屋顶防雷。屋顶有女儿墙时，避雷网安在女儿墙上。

⑤ 折板屋顶防雷。若屋顶面积较大，则不宜采用避雷针，这时要使用避雷网或避雷带；如果屋顶形状复杂，则按屋顶外形安装。

⑥ 砖烟囱防雷。通常，避雷针是保护砖烟囱不受直接雷击的防雷设备。避雷针针尖一般用一根直径为20mm、长为1~10m、顶端车削成尖形的圆钢或顶部打扁并焊接封口的空心钢管制成。

⑦ 铁烟囱防雷。安装避雷针时可利用烟囱的支柱上下连通作为引下线。

⑧ 水塔防雷。引下线如果采用圆钢，直径不得小于8mm；如果采用扁钢，厚度不得小于4mm，截面积不得小于48mm²。

⑨ 彩灯防雷。彩灯的电源线最好由变电所用铠装电缆或铁管穿线直接埋地敷设引到彩灯配电箱；由低压供电的用户（没有自用变电所时），彩灯电源线应经一段埋地距离（10~15m），然后上升到室外屋顶。在屋顶上部，彩灯线路的每一火线上都要加装避雷器。

165 使触电者脱离电源的几种方法

① 拉闸断电。

② 断线断电。

③ 挑线断电。

④ 拉离断电。

⑯⑥ 触电急救方法

（1）口对口人工呼吸法——触电者有心跳而呼吸停止。

① 将触电者仰卧，解开衣领和裤带，然后将触电者头偏向一侧，张开其嘴，用手指清除口腔中的假牙、血等异物，使呼吸道畅通。

② 抢救者在病人的一边，使触电者的鼻孔朝天头后仰实施方法。

③ 抢救者一手捏紧触电者的鼻孔，另一手托在触电者颈后，将颈部上抬，深深吸一口气，用嘴紧贴触电者的嘴，大口吹气。同时观察触电者胸部的膨胀情况，以略有起伏为宜。胸部起伏过大，表示吹气太多，容易把肺泡吹破。胸部无起伏，表示吹气用力过小，起不到应有作用。

④ 抢救者吹气完毕准备换气时，应立即离开触电者的嘴，并放开鼻孔，让触电人自动向外呼气，每5s吹气一次，坚持连续进行，不可间断，直到触电者苏醒为止。

（2）胸外心脏挤压法——触电者有呼吸而心脏停跳。

① 将触电者仰卧在硬板或地上，颈部枕垫软物使头部稍后仰，松开衣服和裤带，抢救者跨跪在触电者腰部。

② 抢救者将右手掌根部按于触电者胸骨下二分之一处，中指指尖对准其颈部凹陷的下缘，当胸一手掌，左手掌复压在右手背上。

③ 选好正确的压点以后，抢救者肘关节伸直，适当用力带有冲击性地压触电者的胸骨（压胸骨时，要对准脊椎骨，从上向下用力）。对成年人可压下3~4cm（1~1.2寸）；对儿童只用一只手，用力要小，压下深度要适当浅些。

④ 按压到一定程度，掌根迅速放松（但不要离开胸腔），使触电者的胸骨复位，按压与放松的动作要有节奏，每秒进行一次，必须坚持连续进行，不可中断，直到触电者苏醒为止。

（3）口对口人工呼吸法和胸外心脏挤压法并用——触电者呼吸和心跳都已停止。

① 一人急救：两种方法应交替进行，即吹气2~3次，再挤压心脏10~15次，且动作都应快些。

② 两人急救：每5s吹气一次，每秒挤压心脏一次，两人同时进行。

167 灭火器的使用

（1）泡沫灭火器。

① 泡沫灭火器适用于扑救油脂类、石油类产品及一般固体物质的初起火灾。

② 使用时将筒身颠倒过来，碳酸氢钠与硫酸两溶液混合后发生化学作用，产生二氧化碳气泡沫由喷嘴喷出。使用时，必须注意不要将筒盖、筒底对着人体，以防万一爆炸伤人。泡沫灭火器只能立着放置。

（2）二氧化碳灭火器。

① 二氧化碳灭火器主要适用于扑救贵重设备、档案资料、仪器仪表、额定电压600V以下的电器及油脂等的火灾，但不适用于扑灭金属钾、钠的燃烧。

② 使用鸭嘴式二氧化碳灭火器时，一手拿喷筒对准火源，一手握紧鸭舌，气体即可喷出。二氧化碳导电性差，电压超过600V时必须先停电后灭火，二氧化碳怕高温，存放点温度不得超过42℃。使用时不要用手摸金属导管，也不要把喷筒对着人，以防冻伤。喷射方向应顺风。

（3）干粉灭火器。

① 干粉灭火器主要适用于扑救石油及其产品、可燃气体和电气设备的初起火灾。

② 使用干粉灭火器时先打开保险销，把喷管口对准火源，另一手紧握导杆提把，将顶针压下，干粉即喷出。

（4）1211灭火器。

① 1211灭火器适用于扑救油类、精密机械设备、仪表、电子仪器、设备及文物、图书、档案等贵重物品初起火灾。

② 使用时，拔掉保险销，握紧压把开关，由压杆使密封阀开启，在氮气压力作用下灭火剂喷出，松开压把开关，喷射即停止。